U0250641

蔬菜产业生产与机械化技术

王　林◎著

西北农林科技大学出版社

图书在版编目（CIP）数据

蔬菜产业生产与机械化技术 / 王林著 . -- 杨凌：
西北农林科技大学出版社 , 2021.9
ISBN 978-7-5683-1001-7

Ⅰ . ①蔬… Ⅱ . ①王… Ⅲ . ①蔬菜园艺－机械化栽培
Ⅳ . ① S63

中国版本图书馆 CIP 数据核字 (2021) 第 187727 号

蔬菜产业生产与机械化技术

王　林　著

出版发行	西北农林科技大学出版社	
地　　址	陕西杨凌杨武路 3 号	**邮　编：** 712100
电　　话	总编室：029-87093195	**发行部：** 029-87093302
电子邮箱	press0809@163.com	
印　　刷	天津雅泽印刷有限公司	
版　　次	2022 年 4 月第 1 版	
印　　次	2022 年 4 月第 1 次	
开　　本	787 mm×1092 mm　　1/16	
印　　张	11.75	
字　　数	167 千字	

ISBN 978-7-5683-1001-7

定价：64.00 元

本书如有印装质量问题，请与本社联系

前　言

随着科学技术的高速发展，大多数农民已经体会到科技知识的重要性，因此需要大力宣传农业科技文化知识，并将农业科技实用技术普及推广，使教育与生产相联系，帮助广大农民朋友走上"科技兴农""科学致富"之路。

中国是蔬菜生产大国，蔬菜的生产历史悠久，品种繁多。近年来，随着农业产业结构的调整，蔬菜生产的栽培面积和产值大幅度提高，蔬菜产业已成为现代农业的主导产业，发展蔬菜生产不仅可以满足城乡居民的消费需要，而且可以增加农民的收入，是农民致富的重要途径之一。

本书紧紧围绕蔬菜种植与机械化实际应用和当地农业生产、自然条件、社会经济发展水平的相互作用，从不同视角来探索蔬菜与机械化应用的关系，着力于改善蔬菜生产条件，发展蔬菜产业经济，增加农民收入。本书对突出蔬菜的特色优势及机械化管理问题进行了系统的深入探讨，为指导当地农业生产发展及领导层作出决策提供了依据。

由于作者研究、实践经验及所参考的资料有限，加之编写时间仓促，书中不妥之处在所难免，敬请读者批评指正，以使本书更加完善。

著　者

2021 年 3 月

目　录

第一章　概　述

第一节　蔬菜发展的基本情况

一、我国蔬菜市场需求及发展措施

（一）市场需求

1. 国内需求

未来十年我国人口数量仍处在上升期，随着城乡居民生活水平的不断提高和农村人口向城镇转移加快，商品菜需求量将呈现刚性增长趋势。

2. 出口需求

近年来，全世界蔬菜年贸易量不断增加。目前，一些发达国家出于对经济利益的考虑，相对弱化了蔬菜生产这种劳动密集型产业，蔬菜自给率持续下降，初步估计国际市场蔬菜年贸易额已达 100 亿美元以上。随着国际运输条件、储存保鲜技术的改善和人们生活水平的提高，人们的饮食结构将实现由温饱型向营养型再向保健型转变，目前经济发达国家人们的饮食结构已经由温饱型过渡到保健型阶段，美国和欧洲各国大力提倡素食，促使全球蔬菜贸易量将会有较快的增长。加入世界贸易组织后，我国蔬菜比较优势逐步显现，出口增长势头强劲，在平衡农产品国际贸易方面发挥了重要作用，通过蔬菜出口创汇，增加外汇收入，显著提高了农业的经济效益。

（二）发展措施

1. 加快蔬菜品种选育与技术创新

进一步加大蔬菜品种选育力度，促进现代生物技术和常规技术有机结合，加强种质资源创新，改进育种方法，培育一批优质、抗病、高产、抗逆性强的蔬菜优良品种，以提升国内优势品种数量，替代部分进口品种。重点培育适合设施栽培的耐低温弱光、抗病、优质的番茄、辣椒、茄子、黄瓜、西瓜、甜瓜等专用品种；适宜春、夏、秋等不同季节露地栽培的白菜、萝卜、结球甘蓝、菠菜等系列品种；适合出口、加工的番茄、胡萝卜、洋葱等专用品种；适应不同饮食文化和市场需求的莲藕、芥菜、食用菌等特色蔬菜品种。科研单位与种子企业进一步紧密结合，推进"育繁推一体化"。

按照良种良法相配套的原则，加快栽培技术集成创新步伐，推出一批安全优质、省工节本、增产增效的实用栽培技术；重点研究连作障碍治理技术，制定适合不同生态区、不同栽培方式的技术模式，在菜地土壤次生盐渍化、酸化治理等方面取得重大突破；研究重大病虫害综合防治技术，掌握根结线虫、韭蛆、粉虱、番茄黄化曲叶病毒病、十字花科根肿病等蔬菜病虫害发生规律，集成安全、有效的防控措施；研究轻简栽培技术，开发土地耕整、精量播种、水肥一体、设施环境调控等设施设备，促进农机农艺结合，减轻劳动强度，提高劳动效率，全方位增强科技对蔬菜产业发展的支撑能力。

2. 加强蔬菜集约化育苗场建设

在全国蔬菜优势产区和大中城市郊区，加强蔬菜集约化育苗示范场建设，改善设施条件，规范操作技术，推动蔬菜育苗向专业化、商品化、产业化方向发展。主要建设育苗日光温室（北方）、钢架大棚（南方），配套遮阳降温、防寒保温、通风换气、水肥一体、育苗床架、基质装盘、播种、催芽等设施设备，重点推广茄果类、瓜类、甘蓝类等蔬菜穴盘集约化育苗技术，提高蔬菜育苗安全性和标准化水平。

3. 改善菜地基础设施条件

按照统一规划、合理布局、集中连片的原则，改造升级原有生产基地，适当规划新建一批高标准、高起点的生产基地，保障市场供应稳定。加强以水利设施和温室、大棚为重点的菜地基础设施建设，完善机耕道、电网配套，增加低毒、低残留、高效及生物农药施用比例，增施有机肥，逐步建成能排能灌、土壤肥沃、通行便利、抗灾能力较强的高产稳产蔬菜生产基地，切实提高综合生产能力。

露地蔬菜产业重点县要加强高标准的生产基地建设，改善蔬菜生产条件。主要完善灌排设施，灌排渠沟网络分设，泵房和田间贮水池齐全，根据条件推进水肥一体化高效节水灌溉设施建设。同时，建设路面硬化的田间主干道和支道，配备生产用电设施，配套农资、农机具库房及田头贮肥池（沼泽）或堆肥场。

设施蔬菜产业重点县要通过建设高效节能日光温室（北方）、钢架大棚（南方），提高蔬菜持续均衡生产能力。灌溉系统尽可能采用管道输水和微灌等高效节水技术，配备田间贮水池和灌排泵房，完善排水系统。

在搞好菜地灌排设施建设的同时，加强水源及配套渠道等工程建设，提高灌排保障能力。在灌溉设施配套较差的地区，加强小微型灌溉工程或配套设施建设，配备小型抗旱应急机具，提高抗旱保收能力；在水资源紧缺地区，积极推广高效节水灌溉和雨洪集蓄利用技术，提高水资源利用效率和水源保障能力；在降雨较多较集中的蔬菜生产区域，加强防洪排涝设施建设，提高抗洪排涝能力。

4.加大田头预冷等商品化处理设施建设力度

把田头预冷等商品化处理设施作为蔬菜生产基地建设主要内容之一，加大支持力度，加快建设步伐，切实提高蔬菜商品质量、减少损耗。在外销量较大的产地和大中城市郊区，按菜地面积和商品化处理需求，配置相应的预冷设施、整理分级车间、冷藏库，以及清洗、分级、包装等设备，提高产品档次和附加值，扩大销售半径，增强市场竞争能力。

5.健全蔬菜技术推广服务体系

加强蔬菜技术推广服务能力培养，完善服务设施，强化服务手段，提高人员素质，切实提升新成果转化率和实用技术到位率。在全国蔬菜优势产区和大中城市附近重点县（区），增强蔬菜技术推广服务能力，配建一定面积的培训服务用房，配置必要的培训、田间小气候观测、品质速测等设施设备和交通工具，配备蔬菜栽培、植保、土肥等专业技术人员，提高技术推广服务水平。建设县域性蔬菜新品种新技术示范展示基地，开展引进试验、示范展示工作，加快科技成果转化。建设一批蔬菜植保专业化服务组织，配备施药机械和交通工具，推进蔬菜病虫害统防统治。

6.建立蔬菜生产信息监测发布体系

在全国蔬菜优势产区和大中城市郊区，建立由蔬菜生产信息监测重点县（区）、省级数据处理中心、部级数据处理中心组成的蔬菜生产信息监测体系，引导农民合理安排生产，增强政府调控的主动性和前瞻性以及生产主体的应对能力。重点建设网络信息平台，配置网络服务器和终端设备，开发生产信息监测软件；开展蔬菜生产信息监测，对全国大宗蔬菜的播种面积、产量、上市期和产地价格信息进行采集、分析、预测和发布，提供及时、准确、全面的生产和预警信息，合理错开播种期和收获期，防止盲目生产，避免大量集中上市或脱销断档，促进生产稳定发展、市场平稳运行。

7.开发利用沼渣沼液

按照"政府扶持、因地制宜、综合利用、循环发展"的原则，沼气和沼渣、沼液利用工程建设向蔬菜优势区域倾斜，促进人畜粪便、菜地废弃物转化利用，实现畜、沼、菜有机结合和循环发展。通过沼渣、沼液的合理使用，改良菜地土壤，减轻病虫危害，提高蔬菜产品品质和产量。

8.培育农民专业合作社

在全国蔬菜优势产区和大中城市郊区，扶持一批农民专业合作社和规模化生产主体，重点建设集约化育苗、统防统治、商品化处理等设施；开展统一种苗供应、统一病虫害防控、统一加工、统一销售等方面的服务；逐步解决一家一户生产管理经验化、技术推广成本高、产品销售渠道少、产品质量监管难的问题，提高蔬菜生产的组织化程度和产业化水平。

9.确立流通发展重点

现代蔬菜流通体系是有效连接生产和消费的桥梁，具有较强的公益性。要提高对农产品批发市场、农贸市场（含社区菜市场）公益性的认识，加大政府投入和政策扶持力度。应重点支持批发市场、零售网点、冷链物流、信息监测体系设施建设，提高组织化程度，促进产销衔接，保障蔬菜流通顺畅，大幅度降低蔬菜腐损率。

10.确立质量安全体系发展重点

蔬菜质量安全事关人民群众身体健康和生命安全，事关产业稳定发展和农民持续增收。要标本兼治，在抓好标准化生产的同时强化执法监管。大规模开展标准化生产创建活动，大力推广生态栽培技术和高效低毒农药，推进标准化生产和病虫害统防统治，构建质量安全控制长效机制；加强执法监管能力建设，建立健全检验检测、质量追溯、风险预警和应急反应处置体系；大力发展安全优质的品牌产品，进一步提高蔬菜质量安全水平，保障蔬菜消费安全。

（1）推进标准化生产

以蔬菜标准园创建和农业标准化示范县（区）建设为抓手，在全国蔬菜优势产区和大中城市郊区大规模开展标准化生产创建活动，示范带动蔬菜产品质量全面提升和经济效益提高。完善和健全标准体系，加快标准制订修订和推广应用，重点制定农药残留、重金属等污染物限量安全标准及其检测方法，完善产地环境、投入品、生产过程及产品分等分级、包装贮运等标准，尤其要尽快制定先进、实用、操作性强的蔬菜生产技术规程，并加大宣传培训力度，引导和规范农民生产行为，实现科学安全用药。大力推广生态栽培技术，大面积采用防虫网、黏虫色板、杀虫灯、性诱剂、膜下滴灌等物理、生物防控病虫害措施，减少化学农药使用，增加有机肥施用量。推进病虫害统防统治，鼓励开展高效低毒农药使用补贴，加快高毒农药替代步伐。尽快构建质量安全管理长效机制，健全投入品管理、生产档案、产品检测、基地准出和质量追溯等五项制度，不断提高蔬菜产品质量安全水平。着力推进品牌建设，建立"以奖代补"机制，引导产品分等分级、包装标识，鼓励发展无公害、绿色、有机和地理标志产品，积极倡导良好农业生产方式，加大产品推介宣传力度，提升品牌知名度，提高安全优质蔬菜市场占有率。

（2）完善检验检测体系

结合实施《全国农产品质量安全检验检测体系建设规划（2011—2015年）》，健全县级农产品检测机构，配备检测仪器，保障运行经费；逐步建立乡镇或区域性农产品质量安全监管公共服务机构，加大蔬菜生产基地、批发市场和集贸市场抽检力度，加强蔬菜质量安全执法监督管理。鼓励和支持龙头企业、农民专业合作组织建立蔬菜质量安全检测点，加强生产基地自检，指导安全期采收，严把基地产出关。鼓励和支持农产品批发市场建立蔬菜质量安全检测点，加大批发市场自检力度，严把市场准入关。在加强政府监测和企业自检的同时，充分利用社会检测资源，发挥第三方检测机构的作用，加快形成标准统一、职能明确、上下贯通、运行高效、参数齐全和支撑有力的蔬菜质量安全检验检测体系。

（3）健全质量追溯体系

建立国家级"菜篮子"产品质量安全追溯信息平台，地方根据属地管理职责建立省市县（区）各级"菜篮子"产品质量安全追溯信息分中心（站），从蔬菜龙头企业和农民专业合作组织入手，探索建立覆盖蔬菜生产和流通环节的全程质量追溯体系，实现生产档案可查询、流向可追踪、产品可召回、责任可界定。按照"统一标准、分工协作、资源共享"的原则，统一质量安全信息采集指标、统一产品与产地编码规则、统一传输格式、统一接口规范，完善并督促落实生产档案、包装标识、索证索票、购销台账、信息传送与查询等管理制度，实现生产、加工、流通各环节有效衔接。制定《食用农产品质量安全追溯管理办法》，明确蔬菜产销主体的质量安全责任。鼓励推广使用产地证明或质量认证等合格证明，建立产地准出和市场准入机制。地方政府完善质量安全追溯奖励机制，对建立产品追溯体系的生产、流通企业和农民专业合作组织给予补贴。

（4）建立风险预警和应急反应处置体系

建立覆盖各级农业行政管理部门、生产基地和批发市场的固定风险监测点的国家"菜篮子"产品质量安全风险监测预警信息平台，实现监测数据的及时采集、分类查询、信息共享。建立反应快速、跨区联动的蔬菜质量安全应急反应体系，及时实施突发事件情况调查、形势分析、影响评估，加强应急监测和管理。开展蔬菜产地环境监测与适宜性评价，依法、科学、及时划定蔬菜禁止生产区域。对产地环境、投入品和蔬菜产品中风险隐患大的危害因素，加强风险评估，科学划定风险等级，实现风险及时预警、及早防范和重点控制。完善应急预案，健全快速反应机制，加强应急管理人员、应急处理专家等队伍建设，搞好应急物资储备，开展风险防控与应急处理知识培训及演练，不断提高蔬菜质量安全风险防控和应急处置能力。

（5）加强质量安全监管

认真落实《食品安全法》和《农产品质量安全法》，完善"地方政府负总责，生产经营者负第一责任，相关部门各负其责"的责任体系。强化质量安全监管能力建设特别是提高乡镇基层农产品质量安全监管服务能力。加强农药生产、销售、使用监管，推进放心农资下乡进村，推行高毒农药定点经营和实名购买制度，地方政府可在试点并总结经验的基础上，对农药实行专营，在蔬菜生产上依法禁止使用高毒农药。继续强力实施蔬菜农药及农药残留专项整治，加大农业投入品和蔬菜产品例行监测和监督抽查力度，完善检打联动、联防联控的工作机制，将质量安全措施和责任落实到各环节和各参与主体，逐步建立健全农产品质量安全监管长效机制。

二、蔬菜产业发展动向

（一）蔬菜消费多元化

据报道，目前国外蔬菜消费的趋势是追求优质，讲究营养和种类多元化。不少消费者的口味正在向自然化回归，野生蔬菜以其生长在空气洁净、光照充足的自然环境里，不受废气、废水、粉尘以及化肥、农药等有害物质的污染而备受青睐。消费者对天然野生型蔬菜的需求量不断增加，荠菜、山芋、竹笋等品种已成蔬菜市场的固定"角色"，百合、南瓜、芦笋等保健型蔬菜日趋流行，荷兰芹、牛蒡、茴香等香料型蔬菜的消费也日趋增多。

（二）蔬菜种植科技化

随着消费者对蔬菜多元化、环保型的需求增强，在蔬菜生产过程中，多施有机肥料，以生物和物理方法防治病虫害为主，通过栽培技术调控，减少化学农药的应用，必要时使用生物农药或高效低残留农药，达到高产优质已成为目前蔬菜生产的新趋向。

（三）蔬菜加工方便化

为了适应居民快节奏、高效率生活的需求，目前蔬菜加工正在向方便型、净菜化、小包装方向发展，即在产地便就地开展整理、消毒、分级、包装、保鲜、贮藏等工作。

（四）蔬菜产销创汇化

蔬菜生产属劳动密集型产业，已成为发展中国家出口创汇农业的优选项目之一。根据市场预测，速冻蔬菜、真空保鲜蔬菜和保健型蔬菜将最受消费者欢迎。

第二节　无公害的概念及管理

一、无公害蔬菜

（一）定义

无公害蔬菜是指产地环境、生产过程、产品质量符合国家有关标准和规范的要求，经认证合格获得认证证书并允许使用无公害农产品标志的蔬菜。

（二）生产要求

蔬菜中有害物质（如农药残留、重金属、亚硝酸盐等）的含量控制在国家规定的允许范围内，人们食用后对人体健康不造成危害的蔬菜。在蔬菜生产中，要以"预防为主，综合防治"的指导方针，建立无污染源生产基地。

（三）无公害农产品的标志

无公害农产品标志图案主要由麦穗、对勾和无公害农产品字样组成，麦穗代表农产品，对勾表示合格，金色寓意成熟和丰收，绿色象征环保和安全。

图 1-1　无公害农产品的标志

二、绿色蔬菜

（一）定义

按照绿色食品的概念，绿色蔬菜是指遵循可持续发展的原则，在产地生态环境良好的前提下，按照特定的质量标准体系生产，并经专门机构认定，允许使用绿色食品标志的无污染的安全、优质、营养类蔬菜的总称。

（二）绿色蔬菜的标准

又分为 AA 级和 A 级标准。

1. AA 级绿色蔬菜

要求产地的环境质量符合中国绿色食品发展中心制订的《绿色食品产地环境质量标准》，生产过程中不使用任何有害化学合成的农药和肥料等，并禁止使用基因工程技术，产品符合绿色食品标准，经专门机构认定，许可使用 AA 级绿色食品标志的产品（等同于有机蔬菜）。

2. A 级绿色蔬菜

要求产地的环境质量符合中国绿色食品发展中心制订的《绿色食品产地生态环境质量标准》，生产过程中严格按绿色食品生产资料使用准则和生产操作规程要求，允许限量使用限定的化学合成的农药和肥料，产品符合绿色食品标准，经专门机构认定，许可使用 A 级绿色食品标志的产品（通常说的绿色食品一般指 A 级产品）。

3. 绿色食品的标志

绿色食品标志图案由三部分构成，即上方的太阳、下方的叶片和中心的蓓蕾。标志图形为正圆形，意义是保护、安全。整个图形表达明媚阳光下的和谐生机，提醒人们保护环境创造自然界的新和谐。

图 1-2 绿色食品的标志

三、有机蔬菜

（一）有机蔬菜定义

有机蔬菜是指来自有机农业生产体系，根据国际有机农业的生产技术标准生产出来的，经独立的有机食品认证机构认证允许使用有机食品标志的蔬菜。

（二）生产要求

必须按照有机农业的生产方式进行，也就是在整个生产过程中必须严格遵循有机食品的生产技术标准，即生产过程中完全不使用农药、化肥、生长调节剂等化学物质，不使用基因工程技术，同时还必须经过独立的有机食品认证机构全过程的质量控制和审查。所以有机蔬菜的生产必须按照有机食品的生产环境、质量要求和生产技术规范来生产，以保证它的无污染、富营养和高质量的特点。

（三）有机食品标志

1. 全国统一的有机产品标志

图 1-3　有机产品的标志

中国有机产品标志图案由三部分组成，即外围的圆形、中间的种子图形及其周围的环形线条。

标志外围的圆形形似地球，象征和谐、安全，圆形中的"中国有机产品"字样为中英文结合方式，既表示中国有机产品与世界同行，也有利于国内外消费者识别。

标志中间类似种子的图形代表生命萌发之际的勃勃生机，象征了有机产品是从种子开始的全过程认证，同时昭示出有机产品就如同刚刚萌生的种子，正在中国大地上茁壮成长。

种子图形周围圆润自如的线条象征环形的道路，与种子图形合并构成汉字"中"，体现出有机产品根植中国，有机之路越走越宽广。同时，处于平面的环形又是英文字母"C"的变体，种子形状也是"O"的变形，意为"China Organic"。

绿色代表环保、健康，表示有机产品给人类的生态环境带来完美与协调。橘红色代表旺盛的生命力，表示有机产品对可持续发展的作用。

2. 中绿华夏有机食品标志

有机食品标志采用人手和叶片为创意元素。我们可以感觉到两种意象，其一是一只手向上持着一片绿，寓意人类对自然和生命的渴望；其二是两只手一上一下握在一起，将绿叶拟人化为自然的手，寓意人类的生存离不开大自然的呵护，人与自然需要和谐美好的生存关系。有机食品概念的提出正是这种理念的实际应用。

人类的食物从自然中获取，人类的活动应尊重自然的规律，这样才能创造一个良好的可持续的发展空间。

四、无公害农产品、绿色食品、有机食品三者之间的关系

无公害农产品、绿色食品、有机食品都是经质量认证的安全农产品。无公害农产品是绿色食品和有机食品发展的基础，绿色食品和有机食品是在无公害农产品基础上的进一步提高。三者都注重生产过程的管理，无公害农产品和绿色食品侧重对影响产品质量因素的控制，有机食品侧重对影响环境质量因素的控制。三者的不同点是：有机食品与其他两种食品的最显著差别是，在生产和加工过程中绝对禁止使用农药、化肥、除草剂、合成色素、激素等人工合成物质，而且不允许使用基因工程技术；后者则允许有限制地使用这些物质，而且不禁止使用基因工程技术。如绿色食品对基因工程技术和辐射技术的使用未做规定。另外，有机食品在土地转型方面有严格规定。考虑到某些物质在环境中会残留相当一段时间，土地从生产其他食品到生产有机食品需要两到三年的转换期，而生产绿色食品和无公害食品则没有更换期的要求。因此，有机食品的生产要比其他食品难得多，需要建立全新的生产体系，采用相应的替代技术。具体的差异还表现在以下几个方面：

（一）目标定位的差异

无公害农产品标准比绿色食品标准低一些，无公害农产品的标准是有毒

有害物质控制在一定的范围之内，绿色食品对有毒有害物质残留限量标准较高，同时分 A 级和 AA 级。绿色食品 A 级标准相当于无公害食品，绿色食品 AA 级基本等同于有机食品，是纯天然食品。

（二）内在品质和消费对象不同

无公害农产品强调的是安全性，是最基本的市场准入标准；绿色食品在强调安全的同时，还强调优质、营养。无公害蔬菜是大众化消费产品；作为一种消费习惯，绿色食品蔬菜、有机蔬菜有特定的消费群体。

（三）运作方式有区别

无公害农产品采取政府运作，公益性认证，认证标志、程序、产品目录等由政府统一发布，产地认定与产品认证相结合；绿色食品采取政府推动、市场运作，质量认证与商标使用权转让相结合；有机食品属于社会化的经营性认证行为，因地制宜、市场运作。

（四）认证方法不同

无公害农产品和绿色食品认证依据标准，强调从土地到餐桌的全过程质量控制；检查检测并重，注重产品质量。有机食品实行检查员检查制度；国外通常只进行检查，国内一般以检查为主，检测为辅，注重生产方式。

（五）认证机构不同

无公害农产品认证由农业部农产品质量安全中心负责；绿色食品认证由中国绿色食品发展中心负责；农业部门的有机食品认证由农业部中绿华夏有机食品认证中心负责。

蔬菜产业生产与机械化技术

第二章 蔬菜的生产基础

第一节 蔬菜作物的生长发育

一、蔬菜的生长发育特性

生长和发育是蔬菜作物生命活动中十分重要的生理过程，是个体生活周期中两种不同的现象。生长是植物直接产生与其相似器官的现象。生长是细胞的分裂与长大，生长的结果引起体积和重量的不可逆增加。如整个植株长大，茎的伸长加粗，果实体积增大等。发育是植物体通过一系列质变后，产生与其相似个体的现象。发育的结果，产生新的器官——生殖器官（花、果实及种子）。

对于蔬菜个体的生长，不论是整个植株的增重，还是部分器官的增长，一般的生长过程是初期生长较缓，中期生长逐渐加快，当速度达到高峰以后，又逐渐缓慢下来，到最后生长停止。这个过程就是所谓的"S"曲线。

在蔬菜生长过程中，每一段生长时期的长短及其速度，一方面受外界环境的影响，另一方面又受该器官生理机能的控制。比如，植株的生长速度，既受环境影响还受其中种子的发育及种子量的影响。利用这些关系，可以通过栽培措施来调节环境与蔬菜生理状态以控制产品器官——叶球、块茎、果实等的生长速度及生长量，达到优质高产的目的。

一般认为，对许多二年生蔬菜来讲，春化作用及光周期的作用是植物生长发育的主要影响因素，而且是不可替代的。二年生蔬菜需要经过第一年的低温春化作用才能花芽分化，并在翌年春天长日照条件下抽薹开花，如根菜类、白菜类蔬菜。很多一年生蔬菜则是要求短日照才能开花结实，故有春华秋实之说。另外，像茄果类的发育，则受营养水平的影响更大，若氮、磷、钾充足，植株生长快，其花芽分化也就早，而且碳氮比率高也有利于生殖生长。

生长和发育这两种生活现象对环境条件的要求往往很不一样。对于叶菜

▶ 12

类，根菜类及薯芋类，在栽培时，并不要求很快地满足发育条件。对于果菜类，则要在生长足够的茎叶以后，及时地满足温度及光照条件，使之开花结果。因此，生产上必须根据不同蔬菜的要求，适当促控蔬菜的生长与发育，才能形成高产、优质的产品。

二、蔬菜生长发育周期

（一）蔬菜的生长发育周期（简称生育周期）

蔬菜作物由播种材料（如种子、块茎、块根等）播种到重新获得新播种材料的过程，称为蔬菜的生育周期，也叫个体发育过程。

（二）按照蔬菜完成一个生育周期所经历的时间分类

1. 一年生蔬菜

即播种的当年形成产品器官，并开花结实完成生育周期。这类蔬菜多喜温耐热，不耐霜冻，不能露地越冬。如茄果类、豆类（除蚕豆、豌豆等）瓜类以及绿叶菜中的喜温菜（如空心菜、莞菜、木耳菜等）。

2. 二年生蔬菜

即播种当年为营养生长，越冬后翌年春夏抽薹、开花、结实。这类蔬菜多耐寒或半耐寒，营养生长过渡到生殖生长需要一段低温过程，通过低温春化阶段和较长的日照而抽薹开花。如白菜类、甘蓝类、根菜类、豆类中的豌豆、蚕豆以及绿叶菜中的喜冷凉蔬菜（如菠菜、茼蒿等）。

3. 多年生蔬菜

即播种（或移植）后可多年采收。这类蔬菜一般地下部耐寒，根较肥大，贮藏养分越冬，而地上部较耐热。如黄花菜、石刁柏。

4. 无性繁殖蔬菜

马铃薯、山药、姜、大蒜等在生产上是用营养器官（块茎、块根或鳞茎等）进行繁殖。这些蔬菜的繁殖系数低，但遗传性比较稳定，产品器官形成后，往往要经过一段休眠期。无性繁殖的蔬菜一般也能开花，但除少数种类外，很少能正常结实。即使有的蔬菜作物也可以用种子繁殖，但不如用无性器官繁殖生长速度快，产量高，因此，除了作为育种手段外，一般都采用无性器官来繁殖。

必须注意的是一年生和二年生之间，有时是不易截然分开的，如菠菜、白菜、萝卜，如果是秋季播种，当年形成叶丛、叶球和肉质根。越冬以后，第二年春天抽薹开花，表现为典型的二年生蔬菜。但是这些二年生蔬菜于春季气温尚低时播种，当年也可开花结子。由此可见，各种蔬菜的生长发育过程，与环境条件是密切相关的。要在生产中获得丰产，就必须掌握其生长发育的特点与环境条件的关系。

（三）根据蔬菜不同时期的生育特点分类

从个体而言，由种子发芽到重新获得种子，可以分为三个大的生长时期。每一时期又可分为几个生长期，每期都有其特点，栽培上也各有其特殊的要求。

1.种子时期

从母体卵细胞受精到种子萌动发芽为种子时期。可分为：

（1）胚胎发育期

从卵细胞受精到种子成熟为止。

（2）种子休眠期

种子成熟后即进入休眠期。此期应降低种子的含水量（≤10%），并贮存在低温干燥的环境条件下（代谢水平低）以保存种子的生命力。

2.营养生长时期

从种子萌动发芽到花芽分化时结束。具体又划分为以下四个分期：

（1）发芽时期

从种子萌动开始，到子叶展开真叶露出时结束。此期所需的能量，主要来自种子本身贮藏的营养。因此，此期应尽量缩短时间减少营养消耗；采用质量好的种子；创造适宜的发芽环境，来确保芽齐、芽壮。

（2）幼苗期

子叶展开真叶露出后即进入幼苗期。幼苗期为自养阶段，由光合作用所制造的营养物质提供能量，除了呼吸消耗以外，几乎全部用于新的根、茎、叶生长，很少积累。其结束的标志因作物而不同，多数蔬菜一般为长出第一叶环（如包菜、白菜、萝卜等），茄果类一般出现花蕾，豆类出现三出复叶。

幼苗期的植株绝对生长量很小，但生长迅速；对土壤水分和养分吸收的绝对量虽然不多，但要求严格；对环境的适应能力比较弱，但可塑性却比较强，在经过一段时间的定向锻炼后，能够增强对某些不良环境的适应能力。生产中，常利用此特点对幼苗进行耐寒、耐旱以及抗风等方面的锻炼，以提高幼苗定植后的存活率，并缩短缓苗时间；对子叶出土的蔬菜，要保持好子叶的完整，幼苗的生长和子叶完整度有很大的关系（尤其是瓜类蔬菜）；培育壮苗是确保丰产的关键。

（3）营养生长旺盛期

幼苗期结束后，蔬菜进入营养生长旺盛期。此期管理有两大关键，即培育强大的根系和培育强大的同化器官，为下一阶段的养分积累奠定基础。栽培上也应尽量把此期安排在最适宜的季节。

（4）产品器官形成期

对于以营养贮藏器官为产品的蔬菜，营养生长旺盛期结束后，开始进入养分积累期，这是形成产品器官的重要时期。养分积累期对环境条件的要求比较严格，要把这一时期安排在最适宜养分积累的环境条件之下。

（5）营养器官休眠期

对于二年生及多年生蔬菜，在贮藏器官形成以后，有一个休眠期。休眠有生理休眠和被迫休眠两种形式。生理休眠由遗传决定，受环境影响小，必须经过一定时间后，才能自行解除（如马铃薯块茎要经过一段时间的休眠，芽眼才能萌发，其休眠不受环境的影响），被迫休眠是由于环境不良而导致的休眠，通过改善环境能够解除（如大白菜、萝卜由于恶劣的环境引起的被动反应）。

3.生殖生长时期

（1）花芽分化期

指从花芽开始分化至开花前的一段时间。花芽分化是叶菜类蔬菜由营养生长过渡到生殖生长的标志。在栽培条件下，二年生蔬菜一般在产品器官形成，并通过春化阶段和光周期后开始花芽分化；果菜类蔬菜一般在苗期便开始花芽分化，其营养生长与生殖生长同时进行。

（2）开花期

从现蕾开花到授粉、受精，是生殖生长的一个重要时期。此期，对外界环境的抗性较弱，对温度、光照、水分等变化的反应比较敏感。光照不足、温度过高或过低、水分过多或过少，都会妨碍授粉及受精，引起落蕾、落花。

（3）结果期

授粉、受精后，子房开始膨大，进入结果期。结果期是果菜类蔬菜形成产量的主要时期。根、茎、叶菜类结实后不再有新的枝叶生长，而是将茎、叶中的营养物质输入果实和种子中去。

上述是种子繁殖蔬菜的一般生长发育规律，对于以营养体为繁殖材料的蔬菜，如大多数薯芋类蔬菜以及部分葱蒜类和水生蔬菜，栽培上则不经过种子时期。

三、蔬菜植物的生长相关性与产品器官的形成

（一）蔬菜植物的生长相关性

蔬菜生长相关性指同一蔬菜植株的一部分（或一个器官）对另一部分（或另一个器官）在生长过程中的相互关系。蔬菜生长相关若是平衡，经济产量就高；生长相关若不平衡，经济产量就低。在生产上可以通过肥料及水分的管理，温度、光照的控制，以及植株调整来调节这种相关关系。

1.地上部与地下部的生长相关

地上部茎叶只有在根系供给充足的养分与水分时，才能生长良好；而根系的生长又有赖于地上部供给的光合有机物质。所以，一般来说，根冠比大致是平衡的，根深叶茂就是这个道理。但是，茎叶与根系生长所要求的环境条件不完全一致，对环境条件变化的反应也不相同，因而当外界环境变化时，就有可能破坏原有的平衡关系，使根冠比值发生变化。另外，在一棵植株总的净生产量一定的情况下，由于不同生长时期的生长中心不同或由于生长中心转移的影响，也会使地上部与地下部的比例发生改变。同时，一些栽培措施如摘叶及采果等也会影响根冠比的变化。例如把花或果实摘除，可以使根的营养供给更为充裕从而增加其生长量；如果把叶摘除一部分，会减少根的生长量，因为减少了同化物质对根的供给。施肥及灌溉也会大大影响地上部与地下部的比例。如果氮肥及水分充足，则地上部的枝叶生长旺盛，消耗大量的碳水化合物，相对来说，根系的比例有所下降。反之，如土壤水分较少时，根系会优先利用水分，所受的影响较小，而地上部分的生长则受影响较大，根冠比便有所增大。蹲苗就是通过适当控制土壤水分以使蔬菜作物根系扩展，同时控制地上茎叶徒长的一种有效措施。

在蔬菜栽培中，培育健壮的根系是蔬菜植株抗病、丰产的基础，然而，健壮根系的形成也离不开地上茎叶的作用，二者是相辅相成的。因此，根冠比的平衡是很重要的，但是，不能把根冠比作为一个单一指标来衡量植株的生长好坏及其丰产性，因为根冠比相同的两个植株，有可能产生完全不同的栽培结果。

2.营养生长与生殖生长的相关

对于果菜类蔬菜，营养生长与生殖生长相关性研究比叶菜类更为重要，因为除了花芽分化前很短的基本营养生长阶段外，几乎整个生长周期中二者都是在同步进行的。从栽培的角度来看，如何调节好二者的关系至关重要。

（1）营养生长对生殖生长的影响

营养生长旺盛，根深叶茂，果实才有可能发育得好，产量高，否则会引

起花发育不全、花数少、落花、果实发育迟缓等生殖生长障碍。但是，如果营养生长过于旺盛，则将使大部分的营养物质都消耗在新的枝叶生长上，也不能获得果实的高产。营养生长对生殖生长的影响，因作物种类或品种不同而有较大的差异。如番茄，有限生长型营养生长对生殖生长制约作用较小，而无限生长型则制约作用较强。生产上无限生长型番茄坐果前肥水过多，容易徒长，但生殖生长对营养生长的抑制作用较小，这种差异主要是与结果期间，特别是结果初期二者的营养生长基础大小不同有关。

（2）生殖生长对营养生长的影响

生殖生长对营养生长的影响表现在两个方面：其一由于植株开花结果，同化作用的产物和无机营养同时要输入营养体和生殖器官，从而生长受到一定抑制。因此，过早地进入生殖生长，就会抑制营养生长；受抑制的营养生长，反过来又制约生殖生长。生产上适时地摘除花蕾、花、幼果，可促进植株营养生长，对平衡营养生长与生殖生长的关系具有重要作用；其二由于蕾、花及幼果等生殖器官处于不同的发育阶段，对营养生长的反应也不同。授粉、授精不仅对子房的膨大有促进作用，而且对营养生长也有刺激作用。

（二）生长发育与产品器官形成

植物在不同的生长期，其生长中心不同。当生长中心转移到产品器官的形成期，是形成产量的主要时期。由于蔬菜作物的种类不同，所以形成产品器官的类型也不同：

1. 以果实及种子为产品的一年生蔬菜

如茄果类、瓜类、豆类等蔬菜的产品器官的形成，需要较为强大的制造养分的器官以供给同化产物、水分和矿质元素，但若蔬菜营养器官徒长，以致更多的同化产物都运转到新生的营养器官中去，那也难以获得果实和种子的高产。

2. 以地下贮藏器官为产品的蔬菜

如根菜类、薯芋类及鳞茎类蔬菜等，在营养生长到一定的阶段时才会形成地下贮藏器官。若地上营养器官生长量不足，那么地下产品器官生长会因营养供应不足生长受阻。若地上部营养器官生长过旺，也会适得其反。因此应当采取措施对地上部生长进行必要的控制，以保证产品器官的形成。

3. 以地上部茎叶为产品器官的蔬菜

如甘蓝、白菜、茎用芥菜、绿叶蔬菜等，其产品器官为叶球、叶丛、球茎或一部分变态的短缩茎。对于不结球的叶菜类蔬菜，在营养生长不久以后，便开始形成产品器官；而对于结球的叶菜类蔬菜，其营养生长要到一定程度以后，产品器官才能形成。不论是果实、叶球还是块茎、鳞茎都要首先生长出大量的同化器官，没有旺盛的同化器官的生长，就不可能有贮藏器官的高产。

第二节 蔬菜生长的环境

蔬菜的生长发育及产品器官的形成，很大程度上受环境条件的制约，各种蔬菜及不同生长发育期对外界条件的要求不同。因此，只有正确掌握蔬菜与环境条件的关系，创造适宜的环境条件，才能促进蔬菜的生长发育，达到高产优质的目的。蔬菜生长发育所需要的外界环境条件主要包括温度、光照、水分、气体及土壤条件等。这些外界环境条件相互影响，相互作用，共同构成了蔬菜生长的环境。

一、蔬菜对温度的要求

温度对蔬菜的生长发育及产量形成有着重要作用，决定着露地蔬菜的栽培期和栽培季节，决定着同一季节时期不同气候带的蔬菜种类分布。温度会以气温、地温以及积温来影响蔬菜的生理及生长发育，还会以最适温、最高温、最低温、温周期（昼温／夜温）、低温春化等方式来影响蔬菜的生长发育。

（一）蔬菜不同种类对温度的要求

根据蔬菜种类对温度的要求状况，可分为五类。

1. 耐寒多年生宿根蔬菜

如黄花菜、韭菜等。地上部能耐高温，但到冬季地上部枯死，而以地下宿根越冬。能耐 -15 ～ -10℃低温。

2. 耐寒蔬菜

如菠菜、大蒜等。能耐 -2 ～ -1℃低温，短期内可以忍耐 -10 ～ -5℃低温。

3. 半耐寒蔬菜

如萝卜、芹菜、豌豆、甘蓝类、白菜等。这类菜抗霜，但不能长期忍耐 -2 ～ -1℃低温，以 17 ～ 20℃时光合作用最强，生长最快；超过 20℃，光合作用减弱，超过 30℃，光合产物全为呼吸所消耗。

4. 喜温蔬菜

如黄瓜、番茄、菜豆、茄子、辣椒等，最适温度为 20 ～ 30℃，超过 40℃，生长几乎停止。

温度在 10 ～ 15℃以下时，授粉不良，引起落花。

5. 耐热蔬菜

如冬瓜、南瓜、丝瓜、苦瓜、西瓜、刀豆、豇豆等。它们在 30℃ 左右光合作用最强，生长最快，其中西瓜、甜瓜及豇豆在 40℃ 的高温下仍能生长。

（二）蔬菜不同生育期对温度的要求

1. 种子发芽期

要求较高的温度。喜温、耐热性蔬菜的发芽适温为 20 ～ 30℃，耐寒、半耐寒、耐寒而适应性广的蔬菜为 15 ～ 20℃。但此期内的幼苗出土至第一片真叶展出期间，下胚轴生长迅速，容易旺长形成高脚苗，应保持低温。

2. 幼苗期

幼苗期的适应温度范围相对较宽。如经过低温锻炼的番茄苗可忍耐 0 ～ 3℃ 的短期低温，白菜苗可忍耐 30℃ 以上的高温等。根据这一特点，生产上多将幼苗期安排在月均温比适宜温度范围较高或较低的月份，留出更多的适宜温度时间用于营养生长期旺盛和产品器官生长，延长生产期，提高产量。

3. 产品器官形成期

此期的适应温度范围较窄，对温度的适应能力弱。果菜类的适宜温度一般为 20 ～ 30℃，根、茎、叶菜类的一般为 17 ～ 20℃。栽培上，应尽可能将这个时期安排在温度适宜且有一定昼夜温差的季节，保证产品的优质高产。

4. 营养器官休眠期

要求降低温度，降低呼吸消耗，延长贮存时间。

5. 生殖生长期

生殖生长期间，不论是喜温性蔬菜，还是耐寒性蔬菜，均要求较高的温度。果菜类蔬菜花芽分化期，日温应接近花芽分化的最适温度，夜温略高于花芽分化的最低温度见表 2-1。

表 2-1 主要果菜类蔬菜的花芽分化适温

℃

种类	黄瓜	茄子	辣椒	番茄
昼温	22 ～ 25	25 ～ 30	25 ～ 30	25 ～ 30
夜温	13 ～ 15	15 ～ 20	15 ～ 20	15 ～ 17

开花期对温度的要求比较严格，温度过高或过低都会影响花粉的萌发和授粉。结果期和种子成熟期，要求较高的温度。

（三）温周期作用

自然环境的温度有季节的变化及昼夜的变化。一天中白天温度高，晚上温度低，植物生长适应了这种昼温夜凉的环境。白天有阳光，光合作用旺盛，夜间无光合作用，但仍然有呼吸作用。如夜间温度低些，可以减少呼吸作用对能量的消耗。因此一天中，有周期性的变化，即昼热夜凉，对作物的生长发育有利。这种周期性的变化，也称昼夜温差，热带植物要求 3 ～ 6℃的昼夜温差；温带植物为 5 ～ 7℃，而沙漠植物要求相差 10℃以上。这种现象即为温周期现象。

（四）低温春化与蔬菜生产

低温春化因作物种类品种不同有很大差异。一年生的茄果类、瓜类、豆类等蔬菜，没有明显的低温春化，而二年生的白菜类、根菜类、叶菜类等蔬菜则具有明显的低温春化。

二年生蔬菜（如大白菜、包菜、芹菜、菠菜、萝卜等），在抽薹开花前都要求一定的低温条件，这种需要经过一段时间的低温期才能抽薹开花的生理过程称为"春化现象"或"春化阶段"。通过春化阶段后在长日照和较高的温度下抽薹开花。二年生蔬菜通过春化阶段时所要求的条件因蔬菜种类不同而异，按春化作用进行的时期和部位不同，春化作用类型可分为两大类。

1. 种子春化型蔬菜

自种子萌动起的任何一个时期内，只要有一定时期的适宜低温，就能通过春化的蔬菜，如白菜、萝卜、芥菜、菠菜等。不同蔬菜种类或品种其通过春化的条件不同，如春白菜中的品种，冬性强，一般在 5 ～ 10℃下 20 ～ 30 d 可通过春化；而夏白菜中的品种，冬性弱，一般在 15 ～ 20℃下 5 ～ 10 d 可通过春化。

2. 绿体（幼苗）春化型蔬菜

幼苗长到一定大小后，才能感应低温的影响而通过春化阶段的蔬菜。如包菜、洋葱、芹菜等。低温对这些蔬菜的萌动种子和过小的幼苗基本上不起作用。

一定的植株大小常用叶数或茎粗等指标来表示。如包菜早熟品种幼苗直径大于 0.6 cm，三片叶以上，在 10℃以下，30 ～ 40 d 通过春化；中晚熟品种幼苗直径大于 0.8 cm，六片叶以上，在 10℃以下，中熟品种 40 ～ 60 d 通过春化；晚熟品种 60 ～ 90 d 通过春化。

先期抽薹（也称未熟抽薹）是由于品种选择不当或播种期安排不当，比较容易在产品器官形成前或形成过程中就抽薹开花称为先期抽薹。以营养器官为产品的蔬菜（如大白菜、结球甘蓝、萝卜等）在生产上要注意防止先期抽薹的现象发生。

（五）地温

1. 土温对蔬菜生长的影响

土温对蔬菜生长的影响主要通过影响根系（根毛）的生长和吸收。一般在一定的范围内，土温增高，生长加快。各类蔬菜根系吸收的最适温不同。如喜温性蔬菜根系生长要求较高的土壤温度，根系伸长与穿透土壤的适宜温度为 18～20℃。

2. 地温比气温稳定得多

根部对温度变化的适应能力弱于地上部，高温或低温危害也往往先出现在根部。地温较为稳定，所以地温过高或过低后的恢复也很缓慢。

3. 蔬菜生产上如何控制好地温

①冬春季节应提高地温：控制浇水，通过中耕松土或覆盖地膜等措施提高地温和保摘。

②夏季应降低地温：采用小水勤浇，培土和畦面覆盖办法降低地温，保护根系。此外在生长旺盛的夏季中午不可突然浇水，使根际温度骤然下降而使植株萎蔫，甚至死亡。

（六）高、低温伤害

限制蔬菜分布地区和栽培季节的主要因素是温度。因此，过低或过高的温度都会对蔬菜产生危害。

1. 高温危害

（1）土壤高温首先影响根系生长，进而影响整株的正常生长发育，一般土壤高温造成根系木栓化速度加快，根系有效吸收面积大幅度降低，根系正常代谢活动减缓，甚至停止。

（2）高温引起蒸腾作用加强，水分平衡失调，发生萎蔫或永久萎蔫。

（3）蔬菜作物光合作用下降而呼吸作用增强，同化物积累减少。

（4）气温过高常导致果实发生"日伤"现象，如冬瓜、南瓜、西瓜、番茄、甜椒等；也会使番茄等果实着色不良，果肉松绵，成熟提前，贮藏性能降低。

（5）高温妨碍了花粉的发芽与花粉管的伸长，常导致落花落果。如在高温下菜豆、茄果类易落花落果，萝卜肉质根瘦小、纤维增多，甘蓝结球不紧、叶片粗硬，严重影响产量和品质。

（6）高温也给病害的蔓延提供了有利条件，致使病害加重。

2. 低温危害

与高温危害不同，低温对蔬菜作物的影响有冷害与冻害之分。

冷害是指植物在0℃以上的低温下受到伤害。起源于热带的喜温蔬菜作物，如黄瓜、番茄等在 10℃以下温度时，就会受到冷害。近年来，各地相继发展的日光温室，在北方冬春连续阴雨或阴雪天气的夜间，最低温度常为 6～8℃，导致黄瓜、番茄等喜温蔬菜作物大幅度减产，甚至绝收，这成为设施栽培中亟待解决的问题。

冻害则是温度下降到 0℃以下后，植物体内水分结冰产生的伤害。症状为立即枯萎，或根部停止生长，或受精不良而落花落果，或形成僵果，或品质粗糙、有苦味，或停止生理活性，甚至死亡。

不同蔬菜作物，甚至同种蔬菜作物在不同的生长季节及栽培条件下，对低温的适应性不同，因而抗寒性也不同。一般处于休眠期的植物抗寒性较强。如石刁柏、金针菜等宿根越冬植物，地下根可忍受 -10℃低温。但若正常生长季节遇到 0～5℃低温时，就会发生低温伤害。此外，利用自然低温或人工方法进行抗寒锻炼可有效地提高植物的抗寒性。如生产上将喜温蔬菜作物刚萌动露白的种子置于稍高于 0℃的低温下处理，可大大提高其抗寒性。

番茄、黄瓜、甜椒等苗木定植前，逐渐降低苗床温度，使其适应定植后的环境，即育苗期间加强抗寒锻炼，提高幼苗抗寒性，促进定植后缓苗，是生产上常用的方法，也是最经济有效的技术措施。

二、蔬菜对光照的要求

光照是蔬菜植物进行光合作用的必需条件，不论是光的强度、光的组成还是光照时间的长短，对于生长发育都是重要的。光照对蔬菜的影响主要表现在光照强度、光照长短、光质 3 个方面。

（一）光照强度（简称光强）

光照强度指太阳光在花卉叶片表面的辐射强度，光饱和点是光合作用的最大值，到达光饱和点后，光强增加不会导致光合作用增加。大多数蔬菜的光饱和点为 5000001x 左右，如西瓜为 70000～80001x，包粟、豌豆为 400001x。超过光饱和点，光合作用不再增加并且伴随高温，往往造成蔬菜生长不良，因此在夏季早秋高温的季节，应选择不同规格的遮阳网覆盖措施降低光照强度和环境温度，以促进蔬菜的生长。

光补偿点即光照下降到光合作用的产物为呼吸消耗所抵消时的光照强度，大多数蔬菜为 1500～200001x。按照不同蔬菜对光照强度的要求可分为以下四类：

1. 强光蔬菜

如西瓜、甜瓜、黄瓜、南瓜、番茄、茄子和辣椒、芋头、豆薯及水生蔬菜中大部分种类。这类蔬菜遇到阴雨天气，产量降低、品质变差。

2. 中等光强蔬菜

如白菜、包菜、萝卜、胡萝卜、葱蒜类等，它们不要求很强光照，但光照太弱时生长不良。因此，这类蔬菜于夏季及早秋栽培应覆盖遮阳网，早晚应揭去。

3. 较耐弱光蔬菜

如莴苣、芹菜、菠菜、生姜等。

4. 弱光性蔬菜

主要是一些菌类蔬菜。

（二）光照长短（即光周期）

光周期现象是蔬菜作物生长和发育（花芽分化，抽薹开花）对昼夜相对长度的反应。每天的光照时数与植株的发育和产量形成有关。

蔬菜作物按照生长发育和开花对日照长度的要求可分为：

1. 长日性蔬菜

较长的日照（一般为 12 ～ 14 h 以上），促进植株开花，短日照延长开花或不开花。长日性蔬菜有白菜、包菜、芥菜、萝卜、胡萝卜、芹菜、菠菜、莴苣、蚕豆、豌豆、大葱、洋葱等。

2. 短日性蔬菜

较短的日照（一般在 12 ～ 14 h 以下）促进植株开花，在长日照下不开花或延长开花。短日性蔬菜有豇豆、扁豆、范菜、丝瓜、空心菜、木耳菜以及晚熟大豆等。

3. 中光性蔬菜

在较长或较短的日照条件下都能开花。中光性蔬菜有黄瓜、番茄、菜豆、早熟大豆等。这类蔬菜对光照时间要求不严，只要温度适宜，春季或秋季都能开花结果。

光照长度与一些蔬菜的产品形成有关，如马铃薯块茎的形成要求较短的日照，洋葱、大蒜形成鳞茎要求长日照。

（三）光质

光质也称光的组成，光质对蔬菜的生长发育也有一定作用。

红光和橙黄色的长波光能促进长日照蔬菜植物的发育；而蓝紫光能促进短日照蔬菜植物的发育，并促进蛋白质和有机酸的合成。

日光中被叶绿素吸收最多的红光对植物的同化作用的效率最大，黄光次之，蓝紫光最弱。如红黄光对植物的茎部伸长有促进作用，而蓝紫光起抑制作用。

光质也影响蔬菜的品质。强红光有利许多水溶性的色素的形成；紫外光有利于维生素 C 的合成，设施栽培的蔬菜由于中短光波透过量较少，故易缺乏维生素 C 和发生徒长现象。

三、蔬菜对水分的要求

蔬菜产品含水量在 90% 以上，水是蔬菜植株体内的重要成分，同时水又是体内新陈代谢的溶剂，没有水，一切生命活动都将停止。

蔬菜对水的要求依不同种类、不同生育期而异。

（一）蔬菜不同种类对水分的要求

1. 土壤湿度

蔬菜对土壤湿度的需求，主要取决于植株地下部根系的吸水能力和地上部叶面的水分蒸腾量，通常可分为五种类型：

（1）水生蔬菜类

水生蔬菜类包括茭白、荸荠、慈菇、藕、菱等。此类蔬菜植株的蒸腾作用旺盛，耗水很多，但根系不发达，吸收能力很弱，只能生长在水中或沼泽地带。

（2）湿润性蔬菜

湿润性蔬菜包括黄瓜、大白菜和多数的绿叶蔬菜等。此类蔬菜植株叶面积大，组织柔软，蒸腾消耗水分多，但根系入土不深，吸收能力弱，要求土壤湿度高，主要生长阶段需要勤灌溉，保持土壤湿润。

（3）半湿润性蔬菜类

半湿润性蔬菜类主要是葱蒜类蔬菜。此类蔬菜植株的叶面较小，并且叶面有蜡粉，蒸腾耗水量小，但根系不发达，入土浅并且根毛较少，吸水能力较弱。该类蔬菜不耐干旱，也怕涝，对土壤湿度的要求比较严格，主要生长阶段要求经常保持地面湿润。

（4）半耐旱性蔬菜

半耐旱性蔬菜包括茄果类、根菜类、豆类等。此类蔬菜植株的叶面积相对较小，并且组织较硬，叶面常有茸毛保护，耗水量不大；根系发达，入土深，吸收能力强，对土壤的透气性要求也较高。该类蔬菜在半干半湿的地块上生长较好，不耐高湿，主要栽培期间应定期浇水，经常保持土壤半湿润状态。

（5）耐旱性蔬菜

耐旱性蔬菜包括西瓜、甜瓜、南瓜、胡萝卜等。此类蔬菜植株叶上有裂刻及茸毛，能减少水分的蒸腾，耗水较少；有强大的根系，能吸收土壤深层的水分，抗旱能力强；对土壤的透气性要求比较严格，耐湿性差。主要栽培期间应适量浇水，防止水涝。

2. 空气湿度

蔬菜对空气相对湿度的要求可分为以下四类：

（1）潮湿性蔬菜

主要包括水生蔬菜以及以嫩茎、嫩叶为产品的绿叶菜类，其组织幼嫩，不耐干燥。适宜的空气相对湿度为85%～90%。

（2）喜湿性蔬菜

主要包括白菜类、茎菜类、根菜类（胡萝卜除外）、蚕豆、豌豆、黄瓜等，其茎叶粗硬，有一定的耐干燥能力，在中等以上空气湿度的环境中生长较好。适宜的空气相对湿度为70%～80%。

（3）喜干燥性蔬菜

主要包括茄果类、豆类（蚕豆、豌豆除外）等，其单叶面积小，叶面上有茸毛或厚角质等，较耐干燥，中等空气湿度环境有利于栽培生产。适宜的空气相对湿度为55%～65%。

（4）耐干燥性蔬菜

主要包括甜瓜、西瓜、南瓜、胡萝卜以及葱蒜类等，其叶片深裂或呈管状，表面布满厚厚的蜡粉或茸毛，失水少，极耐干燥，不耐潮湿。在空气相对湿度45%～55%的环境中生长良好。

土壤湿度和空气湿度是相互影响的。在少雨情况下应适时灌溉，在多雨季节应加强排水。

（二）蔬菜不同生长发育期对水分的要求

1. 发芽期

对土壤湿度要求比较严格，要求有一定的湿度，防止过干或过湿。湿度不足则影响发芽率，导致推迟出苗或苗长不齐；湿度过大则易造成烂种，特别在低温的季节里，如豆类种子易在低温过湿环境下烂种。

2. 幼苗期

幼苗根系少，分布浅，吸水力弱，不耐干旱。但植株叶面积小，蒸腾量少，需水量并不多，要求保持一定的土壤湿度。要防过干不利生长，但也不能过湿，过湿则易导致发生猝倒病等苗期高湿性病害，特别是喜温菜（茄果类、豆类）在低温期（早春季节），再加高湿则易导致"烂根倒苗"严重。

3. 营养生长旺盛期和养分积累期

此期是根、茎、叶菜类蔬菜一生中需水量最多的时期，但在养分贮藏器官形成前，水分却不宜过多，防止茎、叶徒长。进入产品器官生长旺盛期以后，应勤浇水，经常保持地面湿润，促进产品器官生长。

4. 开花结果期

开花期对水分要求严格，过多过少均易引起落花落果，特别是果菜类均需控水蹲苗，防止水多造成徒长，从而导致落花落果，豆类有"浇荚不浇花"的说法就是这个道理。结果期则随着结果量增大，供水量也同样的要加大。

5. 种子成熟期

要求干燥的气候，如果气候多雨潮湿，有的种子会在植株上发芽，对采种带来困难。

四、蔬菜对气体条件的要求

（一）对氧气和二氧化碳的要求

蔬菜植物进行呼吸作用必须有氧的参与。大气中的氧完全能够满足植株地上部的要求，但土壤中的氧依土壤结构状况、土壤含水量多少而发生变化，进而影响植株地下部（即根系）的生长发育。大部分蔬菜根系好氧，需氧量大，如生长在通气良好的土壤中，则根系较长，色浅且根毛多；在通气不良的土壤中，则表现根多且短，根色暗，根毛少。若土壤渍水板结氧气不足，会导致种子霉烂或烂根死苗。因此，在栽培上应及时中耕、培土、排水防涝，以改善土壤中氧气状况。不同蔬菜对土壤中含氧量敏感程度和要求不同。需氧量大的蔬菜有萝卜、包菜、番茄、黄瓜、西瓜、菜豆、辣椒等。如黄瓜在 20% 土壤含氧量时产量最高；茄子在 10% 产量最高。需氧量小的蔬菜，有蚕豆、豇豆、洋葱等。对氧气不敏感的蔬菜，氧气不足对其生长影响不大。

二氧化碳是植物光合作用的主要原料之一。植物地上部干重中有 45% 是碳素，这些碳素都是通过光合作用从大气中取得的。大气中二氧化碳的含量为 0.03% 左右，这个浓度远不能满足光合作用的最大要求。上午 9 ~ 10 时，光合作用大量消耗二氧化碳，使作物冠丛内的二氧化碳浓度发生亏损，导致光合源不足，影响光合作用效率的提高。因此，在生产上要想方设法增加作物群体内二氧化碳的浓度来增加光合作用强度，进而提高产量。在蔬菜生产中主要是采用通风，施用二氧化碳气肥（采用二氧化碳发生器）或施有机肥分解产生二氧化碳。

在保护地栽培中施用二氧化碳气肥注意：

1. 二氧化碳的浓度并非越高越好，一般施用浓度为 800 ～ 1 200 mg/kg（在 1 200 mg/kg 的范围内，随着二氧化碳浓度增加则光合作用加强）。

2. 要掌握暗天多施，阴天不施的原则。

3. 施用时间一般在每天中午。

4. 适当提高土壤湿度，有利于提高作物光合作用和加快作物生长发育。

（二）有毒气体对蔬菜的为害

在保护地栽培中要注意有害气体危害蔬菜的生长。有害气体包括 SO_2、Cl_2、C_2H_4、NH_3 等。

1. 二氧化硫（SO_2）

二氧化硫由工厂的燃料燃烧产生，空气中二氧化硫的浓度达到 2 mg/kg 时，几天后就能使植株受害。二氧化硫从叶的气孔及水孔侵入，与植物体内的水化合成硫酸（H_2SO_4）毒害细胞。对二氧化硫敏感的蔬菜有番茄、茄子、萝卜、菠菜等。

2. 氯气（Cl_2）

有些工厂的废气中含有氯气，它的毒性比二氧化硫大 2 ～ 4 倍会导致叶绿素分解，叶片黄化。白萝卜、白菜接触到 1 mg/kg 浓度的氯气 2 小时后即出现症状。

3. 乙烯（C_2H_4）

空气中乙烯浓度达到 1 mg/kg，就会对蔬菜产生毒害，危害症状与氯气相似，会造成植株叶片均匀变黄。

4. 氨（NH_3）

在保护地栽培时施用肥料（特别是氮肥）过量或施用较多未腐熟有机肥，且施肥后又没有及时覆土、通风则造成氨过量，使保护地蔬菜受害。

五、蔬菜对土壤与营养的要求。

（一）蔬菜对土壤的要求

蔬菜对土壤的一般要求是：熟土层深厚，土质肥沃，透气性好，保水保肥能力强。可以采用五个字来说明，即"厚、肥、松、温、润"。"厚"即熟土层深厚；"肥"即养分充足完全，有机质含量最好达到 5% ～ 7%，土壤的团粒结构好；"松"即松软透气；"温"即土温稳定，冬暖夏凉；"润"即保水性好，不旱不涝。

1. 土壤质地

土壤质地的好坏与蔬菜栽培，成熟性、抗逆性和产量有密切的关系。土壤特性与适宜种植的蔬菜种类见表2-2。

表2-2 土壤特性与适宜种植的蔬菜种类

土壤名称	土壤特性	肥培方法	适宜蔬菜种类
黏土	含细沙20%左右，含黏粒80%左右；黏重，湿则泥泞，干则板结，通透性差	深翻，增施有机肥；掺施一定量的筛细的炉灰、粉煤灰、含磷土等	韭菜、大蒜、葱等
黏壤土	含细沙40%左右，含黏粒60%左右；较黏重，春季升温缓慢，保水保肥能力强，含有丰富的养分，但通气性较差，排水不良，雨后易干燥开裂，植株发育迟缓	深翻、增施有机肥	大白菜、结球甘蓝、菠菜、番茄、辣椒、芹菜、球茎甘蓝、芥菜、芫荽、大蒜、芜菁等
壤土	含细沙、黏粒各约50%，土壤松细适中，春季升温慢，保水保肥能力较好，土壤结构良好，有机质丰富，是栽培一般蔬菜最理想的土壤	深翻、增施有机肥	黄瓜、茄子、西葫芦、长豇豆、菜豆、洋葱等
砂壤土	含砂粒约80%，细砂多，粗砂少，含黏粒约20%，土壤疏松排水良好，不易板结开裂，升温快，但保水、保肥能力差，有效的矿质营养少、植株易早衰	增施含有机质多的肥料，砂层薄的可深翻，将砂和下层黏土掺和，施用河泥	马铃薯、南瓜、冬瓜、胡萝卜、菜豆、结球甘蓝、萝卜等
砂土	含砂90%以上，含黏粒5%～10%，肥力低，保水保肥能力差	增施大量有机肥，掺土改良，大量施用河泥	南瓜、冬瓜、马铃薯、西瓜、甜瓜
微碱性土	一般土质较黏，有机质含量低，土性冷，不发小苗	增施有机肥，黏性土铺砂压碱	菠菜、莴苣、胡萝卜、茄子、洋葱、豌豆

2. 土壤溶液浓度

土壤溶液浓度与土壤组成有密切关系，含有机质丰富的土壤吸收能力强，土壤溶液浓度低，砂质土恰好相反。施肥时要根据蔬菜种类、生长期、土质及其含水量，确定施肥次数、施肥量，避免施肥过浓，造成土壤溶液浓度高于植株体内细胞液的浓度，而引起反渗透现象，致使植物萎蔫而死亡。各种蔬菜对土壤溶液含盐量的适应性见表2-3。

表2–3 各种类蔬菜对土壤溶液含盐量的适应性

土壤溶液含盐量（%）	≤ 0.10	0.10～0.20	0.20～0.25	0.25～0.30
所适应的蔬菜种类（均指能良好地生长）	菜豆	茄果类、豆类（蚕豆、菜豆除外）、大白菜、黄瓜、萝卜、大葱、胡萝卜、莴苣等	洋葱、韭菜、大蒜、芹菜、白菜、茼蒿、茴香、马铃薯、蕹菜、芥菜、芋、菊芋、蚕豆等	芦笋、菠菜、甘蓝类、瓜类（黄瓜除外）等

3. 土壤酸碱度

大多数蔬菜适宜于中性或弱酸性（pH6.0～6.8）土壤中生长，但也有少量蔬菜适于碱性土壤。调节方法：当土壤酸度过度时，应施石灰中和，并避免施酸性肥料；碱性过高时，可采用灌水冲洗或施石膏中和。具体蔬菜种类的适宜土壤酸碱度见表2-4。

表2–4 主要蔬菜作物对土壤酸碱度的适应范围（pH）

种类	适宜范围（pH）	蔬菜作物种类	适宜范围（pH）
结球甘蓝	5.5～6.7	黄瓜	5.5～6.7
大白菜	6.0～6.8	番茄	5.2～6.7
胡萝卜	5.0～8.0	菜豆	6.2～7.0
韭菜	6.0～6.8	南瓜	5.0～6.8
莴笋	5.5～6.7	马铃薯	4.8～6.0
西瓜	5.0～6.8	甜瓜	6.0～6.7
辣椒	6.0～6.6	花椰菜	6.0～6.7
芥菜	5.5～6.8	球茎甘蓝	5.0～6.8
结球莴苣	6.6～7.2	茄子	6.8～7.3
芹菜	5.5～6.8	菠菜	6.0～7.2
芦笋	6.0～6.8	芥蓝	5.0～6.8
大葱	5.9～7.4	洋葱	6.0～6.5
大蒜	6.0～7.0	萝卜	5.2～6.9
芜菁	5.2～6.7	胡萝卜	5.5～6.8
芋芳	4.1～9.1	菜豆	6.0～7.0
长豇豆	6.2～7.0	菜用大豆	6.0～6.8
豌豆	6.0～7.2	蚕豆	7.0～8.0
美洲防风	6.0～7.0	牛蒡	6.5～7.5

（二）蔬菜对营养的要求

1. 不同蔬菜种类对营养的要求

蔬菜与其他作物一样，最需的土壤元素也是氮、磷、钾，其次为钙、镁、硫、铁等元素，微量元素也需要。不同蔬菜种类与氮、磷、钾三要素的要求有差别。

叶菜类中的小型叶菜，整个生长期需较多的氮肥，而大型叶菜除需较多氮肥外，生长盛期还需较多的钾肥和少量磷肥。根茎类幼苗期需氮较多，磷、钾较少，根茎肥大期需较多的钾，适量的磷和较少的氮，如后期氮素较高，而钾供应不足，则生长受阻，产品器官发育迟缓。果菜类蔬菜的幼苗期需氮较高，磷、钾吸收少，进入生殖生长期，对磷的需要激增，而氮的吸收略减，如果后期氮过多，而磷不足，则茎叶徒长影响结果；前期氮不足，则植株矮小，磷钾不足则开花晚，产量品质也随之降低。

除氮、磷、钾外，一些蔬菜对其他土壤营养也有特殊的要求。如大白菜、芹菜、莴苣、番茄等对钙的需求量比较大；嫁接蔬菜对缺镁反应比较敏感，镁供应不足时容易发生叶枯病；硼在高产中的作用比其他微量元素都大。缺硼，可引起芹菜裂茎病、芜菁甘蓝褐腐病、萝卜褐心病、黄瓜顶芽弯曲等。对缺硼敏感的蔬菜有：甜菜、芹菜、芜菁、花椰菜、甘蓝、孢子甘蓝及豆类蔬菜等。

2. 蔬菜不同生育期对营养的要求

蔬菜不同生育期对土壤营养的要求差异较大。一般苗期的总需肥量较少，在营养的种类上对氮的吸收比例较大，磷、钾较少，但果菜类蔬菜的花芽分化期对磷却比较敏感；进入营养生长旺盛期后，需肥量加大，对各种营养的需求量剧增；产品器官形成期为蔬菜一生中需肥量最大的时期。根、茎、叶球类蔬菜的产品器官形成期，对钾的需求量明显增大，对缺钾反应敏感。

第三节 蔬菜的产量与品质

一、蔬菜产量

（一）蔬菜产量的概念

在蔬菜的生命周期中，由光合作用所合成物质和根系所吸收的物质的积累总量统称为生物产量。其中有经济价值、可食用的部分称为经济产量；

其余部分称为非经济产量。一般而言，蔬菜产量指田间收获的产品的鲜物重量。

（二）蔬菜产量的构成及影响因素

蔬菜产量，一般都是以单个产品器官、单株、单位面积的产量等计算，其中单位面积产量的构成因素为：

果菜类：单位面积产量＝单位面积株数 × 平均单株果数 × 平均单果重

叶菜类：单位面积产量＝单位面积株数 × 平均单株重

根菜类：单位面积产量＝单位面积株数 × 平均单株肉质根重

结球叶菜类：单位面积产量＝单位面积株数 × 平均单株叶球重

蔬菜的产量有一个形成过程。构成产量的每一方面的因素，在产量形成过程中都是变动的，在一定范围内，单位面积株数增加，产量也增加。但单位面积株数或栽植密度增加到一定程度以后，产量并不增加，甚至下降。对于种子直播的蔬菜，在一定范围内，播种量增加，单位面积的株数也增加，但增加到一定程度以上时，株数并不增加，如胡萝卜、白菜、菠菜、茼蒿等，播种量可以相差很大，但单位面积的经济产量都比较接近。

二、蔬菜质量

（一）蔬菜产品质量的概念

蔬菜产品的质量是指由产品外观和内在因素构成的综合性状，包括产品外观特征、产品清洁度、质地特征和产品风味，可分为商品质量和营养品质。

（二）提高蔬菜营养品质

提高蔬菜营养品质及营养供给对人体保健有着极其重要的意义，可采取多种途径来提高蔬菜的营养品质。主要有：

1. 改善环境条件，做到适地、适时、适种。

2. 高营养品质蔬菜资源的利用。通过利用高营养的种质资源进行品质育种，在改进蔬菜商品质量的同时改变与提高其风味及内含营养成分。

3. 采用和推广先进栽培技术。如安全合理使用农药、增施有机肥、合理使用化肥、采用二氧化碳施肥等。

4. 减少污染，不可忽视蔬菜中的有害物质。

第四节 菜地的选择与茬口安排

一、菜田选择应考虑的主要因素

1. 产地气候条件和土壤条件对蔬菜产量品质的影响。

光热资源、雨水资源、土壤质地、肥力、pH 值与地下水位、前茬作物史。选择产地要满足蔬菜生长发育和产品器官形成的环境条件，使自然气候特点与蔬菜生产基地产品特点相吻合。

2. 生产与销售的关系。

3. 生产成本与经济效益状况。

交通条件便利、灌溉水源充足、无污染的生产环境条件、大气洁净指数高、水质达到饮用水最低标准以上、土壤重金属含量不超标、远离工业三废排放点、保证生产和运销的基本条件、保证无公害的生产条件。

4. 菜田的内外环境条件。

相对集中性→规模型→产业化。使蔬菜生产形成"大生产、大市场、大流通"的格局，逐步建立蔬菜批发市场，形成品牌。

二、菜地选择

（一）交通便利

由于鲜嫩蔬菜易变质腐烂，不耐运输、贮藏，而城镇居民天天要求新鲜产品。因此，便利的交通条件，对于降低生产成本，促进生产不断发展十分重要。

（二）接近水源

蔬菜作物比粮棉油作物需水量大，需水次数多，完全依靠天然降水或远距离送水进行蔬菜生产是行不通的。因此，开发新菜地，要优先利用自然水源如江、河、湖、池等，有条件的地区和单位，可开发地下水源。

（三）避免"三废污染"

在工业废水、废气、废渣地区生产蔬菜，产量低、品质劣，含毒量高，危害人体健康，因此，工业"三废"污染地区，不宜建立菜园。

三、蔬菜园规划的特点

一、二年蔬菜由于生长周期短，便于调节种植计划及种类，而且菜园种植的种类繁多，每年及每个生产季节都在调节之中。所以它有自己的一些特点。

1. 根据当地气候条件，结合市场需求确定种植种类及规模。如华南及长江流域可以形成越冬叶菜生产区，高寒山区以生产夏淡蔬菜为主，中原及华北温暖地区则以冬春果菜生产为主。

2. 突出特色品种。

3. 注意种类、品种的合理搭配。蔬菜多数忌连作，在种植园规划上要留有倒茬的时间及空间。

4. 注意各区域划分的比例和设施配置。如菜园露地栽培和设施栽培的比例，育苗与定植区域的比例等。

四、蔬菜生产基地建设

（一）宏观规划

蔬菜生产基地的建设中一个重要的内容就是基地的宏观规划问题，它是一项宏大的系统工程，涉及面广，难度大。其内容包括：基地面积、生产量和市场流向、交通运输设施、资金投入、技术装备与基地产业宏观管理等。

（二）蔬菜商品性生产基地的特点

1. 具备一定的生产规模，其产品能形成一定的市场辐射能力。
2. 技术装备水平高，设施配套。
3. 利用优势自然条件，生产具有一定特色。
4. 实行专业化生产，生产要求布局合理、管理水平高。

五、蔬菜的栽培制度

蔬菜的栽培制度是指在一定时间内，在一定土地面积上，各种蔬菜安排布局的制度。它包括扩大复种面积，采用轮作、间、混、套作等技术来安排蔬菜栽培的次序并配合以合理的施肥、灌溉制度，土壤耕作与休闲制度，即通常所说的"茬口安排"。

（一）连作与轮作

1. 概念

（1）连作（重茬）在一年或几年内，连续在同一块土地上栽培相同的蔬菜。同类蔬菜连续种植，造成土壤中某一种或某几种养分吸收过多或过少，使土壤中养分不平衡；同类蔬菜根系深浅相同，致使土壤各层次养分利用不合理；同类蔬菜有共同的病虫害，病原菌或虫卵越冬后翌年发病严重；某些蔬菜的根系能分泌出有机酸和某种有毒物质，改变土壤结构和性质，不利于保持土壤肥力，导致土壤酸碱度的变化。

（2）轮作

在同一块土地上，按照一定顺序，几年内轮换栽培数种不同性质的蔬菜。通称"换茬"或"倒茬"。

2.合理轮作的意义

（1）保持地力，充分利用土壤的营养元素，维持土壤养分的平衡。

（2）有效防除病、虫、草害，减少农药的污染。

（3）提高产量，降低成本。

3.轮作的类型

按生产条件分可分为露地栽培和保护地轮作，按作物组成可分为菜菜轮作和粮粮轮作（又可分为旱地轮作和水旱轮作，特别是水旱轮作能有效防止土传病害）。保护地栽培更要注意轮作（即轮作的年限要更短），一般多实行瓜果、茄果类蔬菜的轮作。

4.耐连作的程度

（1）不同蔬菜耐连作程度不同

禾本科、伞形科（如芹菜、胡萝卜等）、百合科（除葱蒜类）、十字花科（特别是绿叶蔬菜）较耐连作，若土地发病轻或无病害的则可以连作几茬；薯类、葱蒜类、茄果类、瓜类（特别是西瓜最不耐连作）等不宜连作，一般均须2年以上的轮作。主要蔬菜的参考轮作年限详见表2-5。

表2-5 主要蔬菜的参考轮作年限

蔬菜	轮作年限（年）	蔬菜	轮作年限（年）	蔬菜	轮作年限（年）
西瓜	5～6	菜豆	2～3	大白菜	2～3
黄瓜	2～3	马铃薯	2～3	结球甘蓝	2～3
甜瓜	3～4	生姜	2～3	花椰菜	2～3
西葫芦	2～3	萝卜	2～3	芹菜	2～3
番茄	3～4	大葱	2～3	莴苣	2～3
茄子	3～4	大蒜	2～3		
辣椒	3～4	洋葱	2～3		

（2）耐连作程度还受土壤理化性状与栽培技术的影响

例如增施过有机肥的土壤较耐连作；采用抗逆性强的南瓜砧木嫁接的西瓜、黄瓜较耐连作。

5. 轮作的原则（茬口合理安排原则）

（1）减免病虫害

避免同科蔬菜连作或相邻种植，使病虫害失去接近连续危害的寄主的机会，改变其生活环境，以达到减免受害。如葱蒜类的后茬接种大白菜有减轻病害的作用；粮菜倒茬—水旱轮作，能有效控制土传病害。

（2）有利于土壤肥力的调节、恢复和利用

根据不同蔬菜根系在土层中分布的深浅及吸收营养元素的种类和数量差异进行合理轮作。如瓜类（除黄瓜外）、豆类、茄果类等深根性蔬菜与白菜类、葱蒜类等浅根性蔬菜进行轮换种植；需氮较多的叶菜类与需磷、钾较多的茄果类轮作。

（3）有利于土壤酸碱度的平衡

如甘蓝、马铃薯等能吸收较多的碱性元素，能使土壤 pH 下降（酸性加大），南瓜、甜玉米等能吸收较多的酸性元素，能使土壤 pH 提高（碱性加大）。豆类的根瘤菌在土壤中遗留较多的有机酸，连作常导致减产。

（4）抑制杂草作用

不同蔬菜的生长势不同，对抑制杂草的能力有强弱。如胡萝卜、芹菜、大葱、韭菜等秧苗生长缓慢，易发生草害；白菜类、瓜类茎叶扩展迅速，覆盖面广，封垄快，抑制杂草能力强。

（二）间作、套作与混作（间套混作）

1. 概念

（1）间作

将两种或两种以上蔬菜隔畦（行、株）同时种植在园地里的方式，如甘蓝与番茄隔畦间作。

（2）套作

利用某种蔬菜在田间生长的前期或后期，于其畦（行）间增植另一种蔬菜的方式，如黄瓜、番茄架旁可套种芹菜、小白菜等。

（3）混作

将两种或几种蔬菜同时混播并生的方式，也称为混种，如播大蒜时在地里撒入菠菜种子。

混作与间作都是于同一生长期内由两种或两种以上的作物在田间构成复合群体，是集约利用空间的种植方式，也不增加复种面积。但混作在田间一般无规则地分布，可同时撒播，或在同行内混合、间隔播种，或一种作物成行种植，另一种作物撒播于其行内或行间。混作的作物相距很近或在田间分布不规则，不便管理，并且要求混种的作物的生态适应性较为一致。

2. 间套混作的意义

（1）有利于增产和调节茬口

正确地运用间混套作，有利于充分利用光、热、水、土等自然资源和劳力资源，实行集约种植，提高土地生产力和光能利用率，因而具有较好的增产效果。同时，套作不仅可以提高后茬作物的产量，还因比接茬复种提早播种与收获，起到调节茬口、缓和季节与劳力调节水肥运筹等诸多作用。

（2）缓和争地矛盾

有利于缓和作物争地的矛盾，实现多作物增产增收。

（3）稳产保收

合理的间、混、套作能利用复合群体内作物的不同特性，增强对灾害天气的抗逆能力。

3. 间套混作的原则

（1）根据品种或种类间的不同特点合理搭配

①株型上

高矮相配（如高秆的玉米与矮生的马铃薯）、肥瘦相配（如细瘦的韭菜与肥大的大白菜）。

②熟性上

早熟、生长期短的与晚熟、生长期长的相配（如小白菜与结球甘蓝）。

③特性上

根系分布情况（深浅相配，如瓜类与叶菜类）、对光照强度的要求上（阴阳相配，如生姜种在瓜架下）。

④根系分泌物上

避免同科有共同病虫害的蔬菜相配。根系分泌物有：糖类、有机酸、维生素型化合物及生长激素等。分泌物之间有相互促进或抑制的作用。如胡萝卜、莴笋、洋葱或甘蓝与马铃薯间套作可阻碍马铃薯晚疫病的发展，而番茄与马铃薯则促进晚疫病的发展。

（2）根据生态上的特点搭配（相互有利的特点进行搭配）

如葱蒜类采收后种植白菜，可使白菜软腐病明显减轻；玉米与辣椒间作，可以减轻棉铃虫的危害，对辣椒来说也可改善夏日高温。

（3）根据田间群体结构不同搭配

掌握以主作为主，次作为辅的原则。在保证主作蔬菜密度与产量的条件下，适当提高副作蔬菜的密度与产量。田间种植时加宽行距，缩小株距，在保证主作密度和产量的前提下改善通风透光条件。实行套作时使前茬的后期和后茬的苗期共生，互不影响生长，尽量缩短两者的共生期。

第五节　反季节蔬菜生产基础

如今，越来越丰富的蔬菜品种走进普通百姓的家庭，即使在寒冷的冬季，人们的餐桌上也出现了以前只能在秋季吃到的新鲜蔬菜；与此同时，通过对一些农业基础设施的改良，曾经只能在南方种植食用的品种也出现在北方的菜肴里（当然也可利用现代发达的交通工具通过地域互补得以实现），这些都主要归功于我们这里要介绍的"反季节蔬菜"。可以看出，反季节蔬菜的生产对蔬菜的周年供应，蔬菜的品种多样化以及提高蔬菜的经济效益起到了积极的作用。

大家知道，各种蔬菜都要求在一定的温度范围内生长发育，各个地方，每一年的温度都是相对稳定的，因此，在一个地方，蔬菜的栽培季节都是相对稳定的，也就是说在一个区域范围内，每一种蔬菜栽培都有季节性。那么，在一个区域范围内，某种蔬菜生产超出它的一定时间范围（即季节），就叫作某种蔬菜反季节生产。

那么，如何才能实现蔬菜的反季节生产？关键是要在生产的区域创造一个不同的气候条件，目前一般有两个途径：一是在夏季利用当地的高海拔山区的冷凉气候特点进行喜冷凉类蔬菜的反季节生产；二是在冬季利用设施及材料的保温作用进行低温期喜温类蔬菜的生产。

一、高山反季节蔬菜生产

（一）高山反季节蔬菜生产的特点

高山反季节蔬菜生产是利用一个地域范围内，高海拔山区与低海拔平原地区，在同一个季节里（时间范围内）的温度差异，来进行蔬菜生产。它的特点是：

1.反季节是相对的。某一种蔬菜在高山区当地是适时的，而相对于平原地区是反季节的。反之亦然。

2.海拔高度不同，在同一个季节里可种不同的蔬菜种类和品种。

（二）高山反季节蔬菜生产的原理

我国华南地区，随着垂直梯度海拔每上升100 m温度降低0.55℃，其中夏季的垂直递减率又比冬季大些。一般说春初回暖过程，每升高海拔100 m，要延迟 3 d 左右，初秋转凉的过程中，季节要提早 4 d 左右。不过，山田气候除了主要随着海拔高度而变化，还和山田位置是朝阳还是背阳，逆风还是背风，是山峦顶部还是山间凹地，以及植株、土壤、水温等等有密切关系。

因此，我们若把蔬菜植物对温度的要求和地域性海拔垂直温度变化的差异性两者有机地结合起来安排生产，在一个区域范围内，就很容易做到"一个季节多品种、一个品种多季节"的反季节效果。

（三）高山反季节蔬菜生产的意义

1. 如上述，高山反季节仅是利用地域范围内垂直高度的温度差异与不同蔬菜植物对温度要求等差异的有机结合，不必投入任何园艺设施，全部露地适时生产，因而具有"顺天时，量地利，用力少，成功多"之效，成本上仅需要加一些交通运输费即可。

2. 克服平原地区七月至九月暑夏高温季节，夏秋季节的"淡季"缺菜。如夏大白菜、夏萝卜、夏甘蓝、夏四季豆、夏甜椒、芋瓠、夏番茄等，使许多蔬菜品种做到周年供应，满足人们的需要。同时，许多高海拔的山区由于山田位置和森林阻挡，不易遭受沿海夏季台风的危害，这些也有力克服了"夏秋淡季"。

3. 富裕了山区农民。开发高山反季节蔬菜改变了山区以往的传统大农业的种植结构，使封闭式的自然经济变成开放式的商品经济，农民收入成倍提高。种植蔬菜可有效地增加土壤的有机质，改变山田土壤的理化性质。这些反过来又促进了大田农业的生产。

4. 高山反季节蔬菜生产，由于地域都远离城镇工业区，在当地蔬菜生产又是大农业生产中的一个部分，容易做到与水稻等大田作物水旱轮作。因此只要规划安排得当，很容易做到无公害生产，使高山反季节蔬菜商品达到"绿色食品"的要求。

5. 由于山区昼夜温差大、夏季水冷等因素影响，同一季节在平原地区用设施遮阳网生产的反季节蔬菜（耐热大白菜）的品质不如高山区生产的好。

6. 福建省一向有"东南山国"之称，全省海拔 1 000 m 以上的山地占总面积的 3.3%，500～1 000 m 的山地占 32.8%，200～500 m 的丘陵占 51.4%，200 m 以下的平原占 12.5%。由此可见，福建省适宜高山反季节蔬菜生产的面积很多，大有潜力。福建邻省的广东珠江平原、浙江沿海等地，夏秋季也由于气温过高，蔬菜品种缺乏。因此，福建高山反季节蔬菜可以"北菜南运"或"南菜北运"或空运日本等海外市场供应，市场前景广阔。

（四）高山反季节蔬菜生产的利用途径

1. 延后冬种春收蔬菜上市的时间

各种春收的蔬菜如"120"天花椰菜，在福州地区上市最迟在四月上旬，如果再延后上市时间，往往由于当时气温过高，而造成产品的品质急剧下降，失去了商品价值。如果我们用同一品种，移到海拔 500～600 m 的山区种植，则可以延迟到四月下旬至五月上旬上市，此种花椰菜的品质与福州平原地区四月上旬上市的菜相似。

2. 增加暑夏七月至九月上市的反季节蔬菜品种

喜温暖蔬菜类型（如番茄、小型萝卜等）在气温日平均温度达到25℃以上时，生长发育会变得迟缓，甚至会只开花不结果。在南方平原地区，这种温度一般会在六月中旬左右达到。如果我们把它们移到海拔 700～800 m 的山区种植，上述困扰即可迎刃而解。喜冷凉蔬菜类型，如芹菜等，这个季节生产，则要移到海拔 800 m 以上的山田才能生产。

3. 秋种蔬菜提早播种，提早上市

海拔高度越高，播种、种植的时间提前量越大。

4. 发展对气温要求特殊的某些蔬菜品种

宽叶韭菜、魔芋、佛手瓜等蔬菜对温度要求特殊，仅适合于本省高海拔山区发展商品生产。

（五）高山反季节蔬菜生产的原则

1. 交通便利，离中心供应城市近。高山反季节蔬菜商品都要依靠汽车运输上市，它的经济效益与离中心城市的距离成反比的。也就是说商品菜供应城市的距离越远，它的运输成本花费越高，卖菜挣的钱越少。

2. 把高山反季节蔬菜生产基地与当地农民大田农业生产紧密结合在一起，不能像城市常年蔬菜基地那样建园。最好与水稻相结合进行水旱轮作，相得益彰，也可与幼年果树结合。旱地整畦要水平等高排列，防止水土流失。

3. 因地制宜寻找肥源，不用城市垃圾，以免造成污染。蔬菜生产需要大量有机肥，而山区土壤多数比较贫瘠，土壤酸度大，因此要结合当地的畜牧业生产，收集当地农家肥如木屑、香菇渣、牲畜粪便做堆肥。大力推广用稻草作菜畦畦面覆盖，起到保湿、保温、保肥、防止水土流失和防病虫害等作用。

4. 高山反季节蔬菜的生产安排，必须以七月至十月上旬上市反季节菜为核心生产安排，防止喧宾夺主，拾芝麻丢西瓜。

5. 对于二年生的蔬菜（如萝卜、大白菜等）在高山反季节蔬菜生产中，若要春种夏收或夏季早种早收，要注意播种季节的提前量，如果过早播种容易发生"未熟抽薹"现象，这是由于当时气温过低，植株过早完成阶段发育的结果。在生产栽培上，一要注意品种选择，二要根据海拔高度和当地温度情况，选择适宜的播种期。

二、设施蔬菜生产

设施蔬菜生产是泛指在设施内进行的蔬菜生产。

（一）蔬菜的栽培方式

蔬菜的栽培方式有蔬菜露地栽培和蔬菜保护地栽培两种方式。

1.蔬菜露地栽培

是选择适宜蔬菜的生长季节，利用自然光和自然热源进行露地直播或育苗移栽的栽培方式。

2.蔬菜保护地栽培

即在不适宜蔬菜生长的季节或地区，利用保温、加温或降温设备，人为创造适宜蔬菜生长发育的小气候，以获取高产、稳产的一种蔬菜栽培方式。

（二）喜温蔬菜保护地设施类型

主要有电热温床、地膜覆盖、遮阴网覆盖、塑料小拱棚、塑料大棚、温室和软化栽培设施等。

（三）蔬菜保护地栽培的应用

1.蔬菜育苗

一是冬春低温季节的保温育苗（薄膜覆盖或采用电热温床等），多用于春早熟蔬菜的栽培（如茄果类）；二是夏季或早秋季节育苗（采用遮阳网等覆盖材料进行遮光降温防暴雨），多用于秋菜栽培。

2.早熟栽培（半促成栽培）

即生长前期低温在保护地栽培，后期温度升高则在露地进行栽培的栽培手段。

3.秋延后栽培

即夏末秋初利用遮阳网进行育苗，然后定植在保护地内，前期高温利用遮阳网降温，后期低温利用薄膜保温延长收获时间上市。

4.促成栽培

即冬吃夏菜或夏菜冬吃。在寒冷季节蔬菜的整个生育期均在保护地内生长。

5. 炎夏抗高温暴雨栽培（越夏栽培）

采用遮阳网进行遮光降温防暴雨栽培。

6. 软化栽培

利用设施及覆盖的材料使某些蔬菜在黑暗或弱光条件下生长进行软化栽培。软化栽培的蔬菜种类主要有韭菜、大蒜、大葱、芹菜、石刁柏、食用大黄以及芋、姜等。

7. 无公害蔬菜栽培

利用设施及覆盖的材料创造一个不利于病虫害发生的栽培环境，以达到无公害蔬菜栽培。

8. 引种驯化与良种繁育

在条件好的保护地内进行引种的栽培和杂交育种、制种或留种。

第三章 蔬菜施肥

第一节 有机肥的施用及注意事项

有机肥是农村可利用的各种有机物质，就地取材、就地积制的自然肥料的总称。习惯上，有机肥料也叫农家肥料。包括人畜粪尿、植物秸秆、残枝落叶、绿肥等。

一、有机肥料的重要作用

（1）有机肥能提供各种无机和有机养分，可提高蔬菜的产量和品质。

（2）改良土壤、培肥地力、改良盐碱地。

（3）提高难溶性磷酸盐的可吸收度及微量元素养分有效性。

（4）提高土壤的生物活性，刺激作物生长发育。

（5）提高土壤自身解毒效果，净化土壤环境。

（6）降低施肥成本。

二、有机肥料的施用注意事项

（一）有机肥施用注意事项

1.禁止在蔬菜上使用没有经过腐熟的人粪尿。尤其是可生食的蔬菜上。

2.不要把人粪尿和草木灰、石灰等碱性物质混合沤制或施用，以防氮素损失。

3.不要把人粪尿晒成粪干，既损失氮又不卫生，直接晒成的粪干属未腐熟肥料。

4.不宜在瓜果蔬菜上过量施用有机肥，以防过量的氯离子造成蔬菜品质下降；油菜、豌豆等需磷钾较多的作物，施用人粪尿时，应配合磷钾肥料。

5.人粪尿中含有1%的氯化钠，在干旱地区及排水不良或盐碱地以及保护地蔬菜，一次施入量不能太多，以免产生盐害。

6.腐熟人粪尿中有机质极少，且含有较多的铵离子和钠离子，长期单独使用会破坏土壤团粒结构。因此，在沙质土壤或黏质土壤等缺乏有机质的土壤上施用有机肥，应配合其他肥料。

（二）家畜粪尿施用注意事项

1.必须经充分腐熟后施用。

2.用土做垫料时，粪土比1∶3左右为宜。

3.提倡圈内积肥与圈外积肥相结合，勤起勤垫，既有利于家畜的健康，又有利于养分的腐解。

4.草木灰属碱性肥料，不要倒入圈内，否则引起氨的挥发损失。

（三）家禽粪尿施用注意事项

1.鸡粪的积存应以干燥存放为宜，存放时加适量土、秸秆或过磷酸钙，可起到保肥的作用。

2.直接施用鸡粪易招地下害虫，同时其含有的尿素态氮也不易被作物直接吸收，因此施用前应先进行沤制腐熟。

3.鸡粪中含有较多的尿酸，容易毒害幼苗，施用时要注意做到种肥隔离和控制施用量。

4.禽粪要适量施用，长期过量施用鸡粪容易造成土壤速效性磷钾养分积累，引起土壤次生盐渍化等病害。

5.目前一些大型养鸡场，把鸡粪烘干后制成颗粒销售，但要注意把鸡粪发酵后再使用。

（四）堆肥施用注意事项

堆肥最好采用高温堆肥的方法，有利于杀灭病菌、虫卵及杂草种子。有些病菌（如枯萎病病菌）在普通堆肥条件下不易杀灭，因此患病严重的秸秆不宜堆肥，可点燃或深埋。堆肥时加入适量的酵素菌有助于植株防病。

（五）沼肥施用注意事项

1.不要出池后立即施用。沼肥出池后，一般先在贮粪池中存放5～7 d后施用；若与磷肥按10∶1的比例混合堆返5～7 d后施用，则效果更佳。也可和农家肥、田土、土杂肥等混合堆制后施用。

2.做追肥要兑水。沼肥做追肥时，要先兑水，一般兑水量为沼液的一半。

3.不要在表土撒施，以免养分损失。沼肥施于旱地作物宜采用穴施、沟施，然后盖土。

4. 不要过量施用。施用沼肥的量不能太多，一般要少于普通猪粪肥。

5. 不要与草木灰、石灰等碱性肥料混施。否则会造成氮肥的损失，降低肥效。

6. 沼液对水可进行叶面喷施，提高蔬菜抗病能力。

（六）饼粕肥施用及注意事项

可以作基肥和追肥。作基肥施用一般粉碎后即可使用，粉碎程度越高，腐烂分解和产生肥效越快。定植前将粉碎的饼粕撒于地面，翻入土中。或施入定植沟内与土充分拌匀；做追肥时必须经过腐熟，才有利于作物根系的尽快吸收利用。发酵方法一般采用与堆肥混合堆制，或将饼粕粉碎，用水浸泡数天后，即可施用。可在植株旁开沟条施或穴施，用量一般每公顷1 000 ~ 1 500 kg。

第二节 化学肥料的施用及注意事项

化学肥料是由物理或化学工方法制成，含有一种或两种以上营养元素的肥料，也称无机肥。它们的特点是：养分含量高，但养分单一；肥效快，但不持久；不含有机质，应与有机肥配合使用。

按照作物必须的十六种营养元素分类，化肥可分为大量元素肥料、中量元素肥料、微量元素肥料、有益元素肥料。氮肥、磷肥、钾肥属于大量元素肥料；钙肥、镁肥、硫肥、硅肥属于中量元素肥料；硼肥、锰肥、铜肥、钼肥、铁肥、锌肥、钛肥属于微量元素肥料；硅肥、硒肥属于有益元素肥料。

一、大量元素肥料的种类及施用注意事项

蔬菜对氮、磷、钾需求量较大，而土壤供应量不能满足需要，通常要人工增施氮磷钾肥。

（一）氮肥

1. 常用氮肥种类

常用氮肥主要有铵态氮肥、硝态氮肥和酰胺态氮肥。铵态氮肥有硫酸铵、碳酸氢铵、氯化铵等，硝态氮肥有硝酸铵等，酰胺态氮肥有尿素等。

2. 氮肥施用注意事项

（1）铵态氮肥不宜与碱性肥料混用。因为混施后会产生氨气挥发、降低

肥料效果。

（2）硝态氮肥不宜长期过量施用，以免造成蔬菜体中硝酸盐的大量积累而危害人体健康。同时，硝态氮易污染土壤、水质与环境，破坏农业生态平衡。

（3）尿素不宜浇施。因为施入土壤后，尿素经过土壤微生物的作用，会水解成碳酸氢铵，然后分解出氨而挥发。

（4）尿素作根外追肥浓度不宜过高。用作叶面肥，尿素效果确实好，但盲目加大用量会适得其反。设施栽培中，做根外追肥时，其缩二脲的含量不能高于0.5%。蔬菜作物浓度要低些，一般用0.5%～1.0%。尿素做追肥施用时，一次用量不宜过大，每亩（1亩=666.67 m²）一次用量为10 kg左右。尿素一般不做种肥。

（5）保护地蔬菜一般不用碳酸氢铵，碳酸氢铵不稳定，易造成氮素损失，分解出的氨气能灼伤种子、幼根及茎叶。一般不用于设施蔬菜生产。

（6）硫酸铵、氯化铵不宜长期施用。二者属于生理酸性肥料，长期施用会增加土壤酸性，破坏土壤结构。硫酸铵施用在石灰性土壤上，硫酸根离子会与钙离子结合使土壤板结，因此，要与其他氮肥交替施用。氯化铵施入土壤后铵离子被作物吸收，氯离子留在土壤中，它的致盐、致酸程度都较硫酸铵强，不利于蔬菜生长。一般蔬菜作物不主张用含氯化肥。

（7）氯化铵不宜施在忌氯作物上。施用在甘蔗、甜菜、马铃薯、苋菜、莴苣、柑橘、葡萄、烟草等忌氯作物上会产生副作用，使作物生理机能遭到破坏，甚至死亡，而且使收获物质量下降。

（二）磷肥

1. 常用磷肥种类
常用磷肥种类主要有钙镁磷肥、磷酸二氢钾、磷酸铵、过磷酸钙和重过磷酸钙等。

2. 磷肥施用注意事项
（1）因土施用
磷肥要重点分配在有机质含量低和缺磷的土壤上，以充分发挥肥效。另外，在磷肥品种的选用上，也要考虑土壤条件。在中性和石灰质的碱性土壤上，宜选用呈弱酸性的水溶性磷肥过磷酸钙；在酸性土壤上，宜选用呈弱碱性的钙镁磷肥。

（2）磷肥易做基肥不宜做追肥
磷肥与有机肥混合沤制做基肥，可以减少土壤对磷的吸附和固定，促使难溶性磷释放，有利于提高磷肥肥效。需追施磷肥时，可进行叶面喷施，磷酸二氢钾和磷酸铵可配成 0.2% ～ 0.3% 的溶液，也可在 100 kg 水中加 2 ～ 3 kg 过磷酸钙，浸泡一昼夜，用布滤去滓，即为喷施溶液。

（3）因作物施用

不同作物对磷的需求和吸收利用能力不同。实践证明，豆类、油菜、小麦、棉花、薯类、瓜类及果树等都属于喜磷作物，施用磷肥有较好的肥效。尤其是豆科作物，对磷反应敏感，施用磷肥能显著提高产量和固氮量，起到"以磷增氮"的作用。

（4）集中施用

磷容易被土壤中的铁、铝、钙等固定而失效，当季利用率只有 10% ～ 25%，特别是在各种黏质土壤上当季利用率较低，如果撒施磷肥，则不能充分发挥肥效。而采取穴施、条施、拌种和蘸秧根等集中施用方法，将磷肥施于根系密集土层中，则可缩小磷肥与土壤的接触面，减少土壤对磷的固定，提高利用率。

（5）配施微肥

在合理施磷的同时，在蔬菜上配施锌、硼等微量元素肥料。

（6）适量施用

磷肥当季利用率虽低，但其后效很长，一般基施一次可管 2 ～ 3 茬。因此，当磷肥一次施用较多时，不必每茬作物都施磷肥，一般 1 ～ 2 年基施一次即可。

（7）不要与碱性肥料混施。草木灰、石灰均为碱性物质，若混合施用，会使磷肥的有效性显著降低。一般应错开 7 ～ 10 d 施用。

（8）磷酸二铵不宜做追肥

磷酸二铵含氮 18%、五氧化二磷 46%，而蔬菜需要大量的氮和钾，需磷较少，此肥不含钾，而且土壤中速效磷过多会抑制蔬菜对钾的吸收，进而影响蔬菜的生长。

（三）钾肥

1. 钾肥特点

钾是管物质转化的，施钾能提高薯块儿淀粉含量、糖料作物和果实的糖含量；钾又是壮茎秆的，施钾也能提高各种作物的抗干旱、抗寒冷、抗病虫害的能力。作物缺少钾肥，就会得"软骨病"，易伏倒，常被病菌害虫困扰；钾在植物体内易移动，缺钾首先表现在下部老叶上。

2. 钾肥施用注意事项

（1）钾肥应优先用于缺钾土壤，优先施用在对钾反应敏感的喜钾蔬菜上，如甜菜、西瓜、马铃薯、萝卜、豆类蔬菜、花椰菜、甘蓝、番茄等。

（2）要施于高产的田块上。作物产量提高后，每次的收获要从土壤中带走大量的钾，造成土壤缺钾，如果不及时补足，就会明显影响产量，在一定程度上成为作物高产的制约因素。因此，钾肥应重点施在高产田块上，以充分发挥其增产作用。

（3）硫酸钾除可作基肥、追肥以外，还适于做种肥和根外追肥。作基肥时，要注意集中施和深施，施用量为每亩 7.5 ～ 15.0 kg；做种肥用量为每亩 1.5 ～ 2.5 kg；在植株需钾较大的时期，如黄瓜膨果期、番茄盛果期和大白菜结球期，可进行叶面喷施补钾，如施用 0.3% ～ 0.5% 的硝酸钾或硫酸钾溶液。

（4）硫酸钾适用于各种作物，对十字花科等需硫作物特别有利。长期施用硫酸钾要配合施用有机肥和石灰，以免土壤酸性增强。硫酸钾不宜在水生蔬菜中施用。

（5）氯化钾不宜在忌氯作物上施用。氯化物对甘薯、马铃薯、甘蔗、甜菜、柑橘、烟草、茶树等的产量和品质均有不良影响，故不宜多用。同时，氯离子致盐能力、致酸能力较强，不宜在设施内长期施用。

（6）草木灰是一种速效性钾肥，其中含钙、钾较多，磷次之。可做基肥和追肥，但不能和铵态氮肥混合贮存和使用，也不能和人畜粪尿、圈肥混合使用，以免造成氮素挥发损失。

二、中量元素肥料的种类及施用注意事项

中量元素肥料主要是指钙、镁、硫肥，这些元素在土壤中贮存较多，一般情况下可满足作物的需求。但随着高浓度氮磷钾肥的大量施用以及有机肥施用量的减少，一些土壤上表现出作物缺乏中量元素的现象，因此要有针对性地施用和补充中量元素肥料。

（一）钙肥

1. 生产上常用的钙肥

主要有石灰、硝酸钙和氯化钙等。钢渣、粉煤灰、钙镁磷和草木灰等也都含有一定数量的钙，在酸性土壤施用也能够调节土壤酸度。

2. 钙肥施用及注意事项

（1）石灰可以做基肥和追肥，但不宜作种肥。做基肥，整地时将石灰和农家肥一起施入，也可以结合绿肥压青进行。萝卜、白菜等十字花科蔬菜，在幼苗移栽时用石灰和有机肥混匀穴施，还可有效防止根肿病。

（2）石灰不宜施用过量。石灰呈强碱性，应施用均匀，采用沟施、穴施

时应避免与种子或根系接触。施用石灰必须配合施用有机肥和氮、磷、钾肥，但不能将石灰和人畜粪尿、铵态氮肥混合贮存或施用，也不要与过磷酸钙混合贮存和施用。石灰有 2～3 年残效，一次施用量较多时，第二年、第三年的施用量可逐渐减少，然后停施两年再重新施用。

（3）绝大多数蔬菜是喜钙作物，在设施番茄、辣椒、甘蓝等出现缺钙症状前，及时喷施 0.5% 氯化钙或 0.1% 硝酸钙溶液，具有一定的防治效果。

（4）不要盲目补钙。蔬菜缺钙有时是氮肥施用过多造成的，应控制氮肥用量，如大白菜干烧心病的发生率随氮肥用量的增加而提高。

（二）镁肥

蔬菜是需镁较多的作物。镁可以提高光合作用，促进脂肪和蛋白质的合成，可以提高油料作物的含油量。

1. 常用的镁肥

主要有硫酸镁、氯化镁、硝酸镁等，可溶于水，易被作物吸收。此外，有机肥中含有镁，其中以饼肥含镁最高。在设施蔬菜生产中，只要每茬都坚持施用农家肥，一般不会出现缺镁现象。

2. 镁肥的施用及注意事项

（1）对土壤供镁不足造成的缺镁，可施镁肥补充，依照土壤的酸碱度不同选择相应的镁肥。酸性土壤最好施用钙镁磷肥，碱性土壤施用氯化镁或硫酸镁。

（2）镁肥可做基肥、追肥或叶面喷施。每亩施用 1.0～1.5 kg（钙镁磷肥含镁 8%～20%，硫酸镁含镁 10%，氯化镁含镁 25%）。水溶性镁肥宜做追肥，微水溶性镁肥宜作基肥施用。叶面喷施可用 1%～2% 浓度的硫酸镁。

（3）镁肥主要施用在缺镁的土壤和需镁较多的蔬菜作物上。如在沙质土、沼泽土、酸性土、高度淋溶性的土壤上的肥效较好，在豆科作物上施用的肥效好。

（4）在大量施用钾肥、钙肥、铵态氮肥的条件下，易造成作物缺镁，故镁肥宜配合施用。

（三）硫肥

硫能改善产品品质（如增加油料作物含油量），增强作物抗旱、抗虫、抗寒能力，促进作物提前成熟。不同蔬菜需硫量不同，十字花科蔬菜需硫量较高，豆科作物其次。近年来，有些地方由于长期施用高浓度不含硫化肥（如尿素、磷酸铵、氯化钾等），导致一些需硫较多的作物（如十字花科、大豆、葱、蒜等）生长发育不良。

1. 常用硫肥品种

石膏、过磷酸钙（含硫约 12%）、硫基复合肥（含硫约 11%）、硫酸钾（含硫约 17%）、硫酸铵（含硫约 24%）。

2. 硫肥的施用

对于大多数作物而言，土壤有效硫临界值为 10 ～ 12 mg/kg，有效硫含量少于临界值则土壤缺硫，此时施用硫肥有明显的效果，亩施用量为 1.5 ～ 2.0 kg。

三、微量元素肥料的种类及施用注意事项

微量元素包括硼、锌、钼、铁、锰、铜等营养元素。虽然植物对微量元素的需要量很少，但在植物生长发育中微量元素与大量元素是同等重要的。当某种微量元素缺乏时，作物生长发育会受到明显的影响，产量降低，品质下降。另一方面，微量元素过多会使作物中毒，轻则影响产量和品质，严重时甚至危及人畜健康。随着作物产量的不断提高和化肥的大量施用，正确施用微量元素肥料是蔬菜生产中的一项重要内容。

（一）常用微量元素肥料种类

通常以铁、锰、锌、铜的硫酸、硼酸、钼酸盐及其一价盐应用较多。铁肥有硫酸亚铁、硫酸亚铁铵、整合态铁；硼肥有硼砂、硼酸、硼泥；锌肥有硫酸锌、氯化锌、氧化锌和整合态锌；锰肥有硫酸锰、氯化锰和碳酸锰；铜肥有五水硫酸铜、一水硫酸铜、螯合态铜；钼肥有钼酸铵、钼酸钠和含钼矿渣。

（二）施用微量元素肥料应注意的事项

微量元素肥料施用有其特殊性，如果施用不当，不仅不能增产，甚至会使作物受到严重伤害。为提高肥效，减少伤害，施用时应注意如下事项：

1. 控制用量、浓度，力求施用均匀

作物需要的微量元素很少，许多微量元素从缺乏到适量的浓度范围很窄，因此，施用微量元素肥料要严格控制用量，防止浓度过大，施用必须注意均匀。

2. 针对土壤中微量元素状况而施用

在不同类型，不同质地的土壤中，微量元素的有效性及含量不同，施用微量元素肥料的效果也不一样。一般来说，北方的石灰性土壤中铁，锌、锰、铜、硼的有效性低，易出现缺乏；而南方的酸性土壤中钼的有效性低。因此施用微肥时应针对土壤中微量元素状况合理施用。

3. 注意各种作物对微量元素的反应

不同的作物对不同的微量元素有不同的反应，其敏感程度、需要量不同，

施用效果有明显差异。如玉米施锌肥效果较好，油菜对硼敏感，禾本科作物对锰敏感，豆科作物对钼、硼敏感。所以，要针对不同作物对不同微量元素的敏感程度和肥效，合理选择和施用。

4. 注意改善土壤环境

土壤微量元素供应不足，往往是由于土壤环境条件的影响。土壤的酸碱性是影响微量元素有效性的首要因素，其次还有土壤质地、土壤水分、土壤氧化还原状况等因素。为彻底解决微量元素缺乏问题，在补充微量元素养分的同时，要注意改善土壤环境条件。如酸性土壤可通过施用有机肥料或施用适量石灰等措施调节土壤酸碱性，改善土壤微量元素营养状况。

5. 注意与大量元素肥料、有机肥料配合施用

只有在满足了植物对大量元素氮、磷、钾等需要的前提下，微量元素肥料才能表现出明显的增产效果。有机肥料含有多种微量元素，作为维持土壤微量元素肥力的一个重要养分补给源，不可忽视。施用有机肥料，可调节土壤环境条件，达到提高微量元素有效性的目的。有机肥料与无机微肥配合施用，应是今后农业生产中土壤微量元素养分管理的重要措施。

6. 微量元素采用根外喷施的方法效果好，不宜在基肥中掺入施用

根外喷施是微量元素肥料施用中经济有效的施用方法。常用浓度为 $0.02\% \sim 0.10\%$。以叶片的正反两面都被溶液黏湿为宜。铁、锌、硼、锰等微量元素易被土壤固定，采用根外喷施的施用效果较好。

7. 锌、铁、铝等微量元素不宜与磷肥一起施用。

第三节　生物肥料的施用及注意事项

一、生物肥料简介

生物肥料亦称生物肥、菌肥、细菌肥料或接种剂等，但大多数人习惯叫菌肥。确切地说，生物肥料是菌而不是肥，因为它本身并不含有植物生长发育需要的营养元素，而只是含有大量的微生物，在土壤中通过微生物的生命活动，改善作物的营养条件。现有生物肥都是以有机质为基础，然后配以菌剂和无机肥混合而成的。

目前，市场上的各种生物肥料，实际上是含有大量微生物的培养物。有的是粉剂或颗粒剂，也有的是液体状态。施到土壤后，微生物在适宜的条件下进一步生长、繁殖。一方面可将土壤中某些难于被植物吸收的营养物质转换成易于吸收的形式；另一方面也可以通过自身的一系列生命活动，分泌一

些有利于植物生长的代谢产物，刺激植物生长。含固氮菌的菌肥还可以固定空气中的氮素，直接提供植物养分。

二、常用生物肥料种类

目前市场上的品种主要有：固氮菌类肥料、根瘤菌类肥料、微生物肥料、硅酸盐细菌肥料、光合细菌肥料、芽孢杆菌制剂、分解作物秸秆制剂、微生物生长调节剂类、复合微生物肥料类、抗生菌5406肥料等。

三、生物肥料施用注意事项

生物菌肥是从自然界中采集固氮活性菌种，经科学配方、组合加工研制而成的一种无公害新型复合生物肥。要发挥其最佳效能，应注意五个方面的问题。

（一）注意施用土壤

含硫高的土壤不宜施用生物菌肥，因为硫能杀死生物菌。

（二）注意施用温度和湿度

施用菌肥的最佳温度是 25 ～ 37℃，低于 5℃，高于 45℃，施用效果较差。对高温、低温、干旱条件下的蔬菜田块不宜施用。同时还应掌握固氮菌最适土壤的含水量是 60% ～ 70%。

（三）不要随便混合施用

生物肥料不能与杀菌剂、杀虫剂、除草剂和含硫的化肥（如硫酸钾等）、稻草灰以及未腐熟的农家肥混合使用，因为这些农药、肥料容易杀死生物菌。在施用时，若施用菌肥与防病虫、除草相矛盾，要先施菌肥，隔 48 h 后，再打药除草。

（四）避免与未腐熟的农家肥混用

这类肥料与未腐熟的有机肥堆沤或混用，会因高温杀死微生物，影响微生物肥料的发挥。

同时也要注意避免与过酸过碱的肥料混合使用。

（五）避免开袋后长期不用

肥料买回后尽快施到地里，开袋后尽量一次用完。

（六）生物肥料不能取代化肥

生物肥料与化学肥料应相互配合、相互补充。生物肥料从土壤中分离出来的磷、钾等营养元素的量不能满足蔬菜生长发育的需要。

（七）要注意施用时间

生物菌肥不是速效肥，所以，在作物的营养临界期和大量吸收期前 7～10 d 施用效果最佳。

第四章 蔬菜植物生长的相关性及应用

蔬菜植物的根与地上部、主茎与分枝、营养生长与生殖生长都存在一定的关系，掌握相关的知识在生产中就能够做到心中有数，把握好植物的生长节奏，减少不必要的生产损失。

第一节 根和地上部的相关性及应用

一、根和地上部相互促进

根的生长有赖于叶子的同化物质，尤其是碳水化合物的供给；而地上部的生长，有赖于根所吸收的水分及矿物质营养的供给。

一株植物总的净同化量，由于生长发育的时期不同及生长中心的转移，地上部与地下部的比例相差很大。在生长过程中，这种比例不断变动，而变动的程度也由于栽培上的植株调整、摘叶及果实采收等而不同。

例如把花或果实摘除，可以增加根的生长量，因为积累到果实中的有机物质，可以转运到根的组织中去，促进根的生长。

在生产上，当幼苗移栽时，如果进行摘叶，或子叶受到损害，就会减少根的生长量，延迟缓苗。为平稳度过缓苗期，促进刚定植幼苗扩大根系范围，一些植物如番茄会采取晚打杈的方法。晚打杈即在第一侧枝长约 10 cm 时打杈。

二、根和地上部相互抑制

土壤水分不足，根系抑制地上部分生长；反之，土壤水分多，土壤通气减少而根系活动受限；地上部水分供应充足生长过旺。

生产中经常采取的蹲苗措施，主要是创造根系生长的有利条件，促使根系向深处扎，使地上部的生长受到抑制。育苗中为了控制幼苗生长速度，还可采取地下部断根办法，减缓地上部茎叶的生长速度，如春甘蓝育苗过程中，为了防止"先期抽薹"，控制秧苗的大小，常采用这种断根控秧的方法。

三、施肥对根和地上部的影响

据研究，氮肥及水分充足，地上部茎叶生长比根的生长迅速得多。缺氮时促进根系生长，反之，有利于地上部生长（发棵）。

在生产上，果菜类蔬菜生育前期，应注意施用氮肥（发棵肥），同时保持土壤水分充足；后期氮肥减少，地上部生长缓慢，此时应增施磷钾肥（磷使糖分向根系运输，钾使淀粉积累），促进果实生长，提高产量与品质。

第二节 主茎和分枝的相关性及应用

蔬菜植物的主茎生长与侧枝生长，有极密切的相关性，当主茎快速生长时，侧枝往往生长缓慢或不能萌发。这种主茎的顶芽生长而抑制侧芽生长的现象，叫顶端优势。

生产上，对利用主蔓结果的瓜类、番茄、豆类等蔬菜，常摘除侧枝保持主茎生长的优势。对利用侧枝结果的甜瓜、瓠瓜等则需要抑制或打破顶端优势（摘心），使其提早形成侧枝，而达到提早结实的目的。

另外，主根与侧根的生长也有类似的相关现象，如主根切断后，能促使大量侧根发生。故生产上对于较耐移栽的蔬菜，如番茄常采取育苗移栽的措施，使秧苗移栽后总根数增加，密集在主根四周，根系分布比较集中，这样在每一个秧苗的土坨中，包含有更多的根系，对定植后的成活、缓苗有一定的良好作用。

第三节 营养生长和生殖生长的相关性及应用

一、营养生长对生殖生长的影响

没有生长就没有发育。营养生长旺盛，叶面积大，在不徒长的情况下，果实才能发育得好，产量高。如营养生长不良，叶面积小，则会引起花发育不健全，开花数目减少并易落花，果实发育迟缓。营养生长过旺，消耗较多养分，抑制生殖生长，会出现空秧的后果。所以生产上既要注意前期发棵，又要通过中耕蹲苗、整枝、摘心、移植等措施，控制营养生长过旺。

2007年石家庄市某村日光温室番茄生产中出现的空秧现象，是由于菜农在番茄定植后追求肥水猛促，造成营养生长过旺，生殖生长受到了严重抑制，营养生长与生殖生长相失调。本该第一、二穗果坐住，第三穗花开的时期，却出现了惊人的空秧现象，损失很大。因此对于果菜类蔬菜栽培，一定要注意肥水管理促控的节奏。果菜类有"浇果不浇花"之说，即在开花初期，直到初始果坐住，生产上应采取"中耕蹲苗"措施，使营养生长与生殖生长相协调。蹲苗还必须根据品种、植株长势、土壤等具体情况灵活掌握。如番茄中晚熟品种，在结果前应以控为主，进行中耕蹲苗，促进根系向纵深发展，并可控制地上部的营养生长，防止徒长。对这类品种控制浇水的时期一般比较长，待第一穗果长到核桃大小时结束蹲苗，进行浇水；反之，对一些有限生长类型的早熟品种，由于结果早，果实对植株生长的抑制作用较大，如蹲苗不当容易引起坠秧，影响早熟和产量。对于这一类品种只宜进行短期的蹲苗。对于大苗龄定植的苗，蹲苗期不宜过长；反之苗龄短的，定植后营养生长期长，要强调蹲苗。从土质看，沙质土蹲苗期宜短，保水性好的黏土，蹲苗时间应适当延长。

二、生殖生长对营养生长的影响

生殖器官的生长，要消耗较多的碳水化合物和含氮物质，对营养生长和新的花朵形成及幼果的生长起到抑制作用。在生产上，常以果实采收的早晚平衡营养生长和生殖生长。果菜类蔬菜从开始采收到结束，时间达 2～3 个月或更久。在同一植株上，基部的果实已经成熟，而植株先端仍在开花。这样，一个果实在成熟过程中，不仅影响到全株的营养生长，而且影响到后期果实的生长。据研究，采收成熟果对营养生长的抑制作用及营养物质的独占程度的影响远远大于采收嫩果，所以在生产上应及时采收成熟果，防止前期果实坠秧，影响全株总产量。

另外，果菜类蔬菜结实数量的多少，也直接影响着营养生长。如前期番茄留果过多，果实会向根部争夺养分，而影响根系的生长，从而抑制茎叶的生长，会导致植株卷叶、早衰。所以合理疏花疏果，处理好前期留果和后期产量的关系，能够保证整个生育期的高产优质。

第五章 蔬菜病虫害防治知识

第一节 蔬菜病害防治基础知识

一、设施蔬菜病害发生特点

随着我国蔬菜产业的发展，设施面积的增加，在实现蔬菜周年供应的同时，也为一些病虫害提供了良好的生存条件，使一些病虫害的发生呈现周年循环。老病虫发生频率增加，新病虫不断出现，一些在露地发生不太普遍的病虫，现成为棚室内的严重危害，而且为露地蔬菜提供了大量菌源和虫源。

设施蔬菜病害发生有以下特点：高温、高湿有利于病害发生；土传病害逐年加重；病原菌越冬条件优越；生理病害有加重趋势。

二、蔬菜病害的症状和识别

（一）蔬菜病害的症状及病害分类

1.蔬菜病虫害的症状

蔬菜病害的症状分为病状和病症两部分，植株受害后表现出来的不正常的状态称为病状，在受害部位长出来的肉眼可见的病原物称为病症。例如黄瓜霜霉病造成黄瓜叶片多角形褐斑，病斑背面有白色至灰黑色霉层。褐斑是由于叶片受害，叶肉组织坏死形成的，即病状；霉层是叶片内部的病原菌最后突破叶片，长出的繁殖体，即霜霉病的病症。

病状的类型主要有变色、坏死、萎蔫、腐烂、畸形等。常见的变色包括花叶、黄化、白化、紫化等；坏死常指一些局部性的斑点，如角斑、条斑、圆斑、黑斑、褐斑、紫斑等；萎蔫是由于维管束受害后引起植株失水、枝叶凋萎，如青枯病和枯萎病的表现；腐烂即受害组织较大面积的分解和破坏，常见的有白菜细菌性软腐病、灰霉病引起叶花果实的腐烂；畸形是由于生长异常，表现出的枝叶丛生、矮化、皱缩、卷曲、蕨叶、肿瘤等症状。病症的类型包括粉状物，锈状物、霜霉状物、点状物、颗粒状物、脓状物等。例如西葫芦白粉病的病症是白粉状物，豇豆锈病的病症是叶片上的黄色锈状物，黄瓜霜霉病的病症是叶背的霜霉状物，茄子炭疽病的病症是病斑上的小黑点，莴苣菌核病的病症是颗粒状物（菌核），以上是真菌病害几种常见的病症。细菌病害在发病部位可产生或挤出白色、黄色的脓状物（菌脓），内含有大量的菌体，是细菌病害的特有特征。病毒病害只有病状而无病症。需要注意的是，植株病部上的病症通常只在病害发展到中后期，并有一定温湿度条件时才出现。

2.蔬菜病害的分类

按照病原（发病原因）可分为非侵（传）染性病害和侵（传）染性病害。因环境条件不适宜植株生长而引起的蔬菜病害，无传染性，称非传染性病害；被真菌、细菌、病毒、线虫等病原物侵染引起的病害，可以在周围传染，称为传染性病害。

3.非侵染性病害的病原因子及特点

（1）营养失调

土壤中某种营养元素不足、过量或不均衡，或由于土壤的物理化学性质导致某些元素吸收困难，引起植株营养缺乏或不足。表现为叶片发黄，组织坏死。如缺钙引起番茄脐腐病，黄瓜的"降落伞叶"；缺钾引起番茄果实着色不良；缺硼导致蔬菜生长点萎缩和坏死等。相反，某些元素过剩同样有不良反应：氮肥过多引起枝叶徒长，抗病力下降；锰、铜过量抑制铁的吸收，导致缺铁性黄叶等。

（2）水分失调

土壤湿度过大、过小或分布不均，都能引起蔬菜病害。土壤积水造成氧气缺乏，影响根系呼吸作用，引起烂根，地上枝叶萎蔫，叶片变黄，落花落果；缺水也可引起植株凋萎、落叶落果和不结实等；水分供应不均匀，容易导致瓜果畸形、开裂。

（3）温度不适宜

番茄、茄子等幼苗期气温的剧烈变化，可导致花芽分化不良、不结实或畸形果。低温引起霜害和冻害，苗期低温引起的幼苗沤根，还可促进猝倒、立枯病的扩展。高温和强光引起瓜果的日灼病，伤口往往还成为其他病害的侵入口。

（4）光照不足

适宜的光照促进花芽分化；光照过强可灼伤叶片和果实；弱光和连阴雨

容易造成生长不良、叶片黄化、甚至脱落。

（5）有害物质侵害

有害物质侵害指空气、土壤、水中的有毒物质侵害，包括废气、工业废水的侵害，肥害和药害。

（6）土壤次生盐碱化

保护地栽培条件下，常大量施用化学肥料，未能淋溶和分解的肥料及其副成分在土壤中积累，导致土壤可溶性盐浓度过高，超过蔬菜正常生长的浓度范围，造成土壤次生盐碱化。表现为根系发育不良，不发新根，叶色浓绿，矮小等症状，严重时叶片萎蔫，出现坏死斑，落叶落果，直至枯死。

非侵染性病害一般有以下几个特点：一是病害往往大面积同时发生，表现同一症状；二是病害无逐步传染扩散现象，病株周围有完全健康的植株；三是病株病果上无任何病症，组织内分离不到病原物；四是通过改善环境条件，植株基本可以恢复。非侵染性病害的诊断有一定的规律性，如病害突然大面积同时发生，多由于气候因素、废水废气所致；叶片有明显枯斑或坏死、畸形，且集中于某一部位，多为药害或肥害；植株下部老叶或顶部新叶变色，可能是缺素症；日灼常发生在植株向阳面的部位。

（二）侵染性病害的病原因子及特点

侵染性病害具有传染性，田间往往有一个明显的发病中心（中心病株），并有向周围扩散蔓延的发展过程。

1. 真菌病害

真菌病害的症状多为在叶、茎、花果上产生的局部性斑点和腐烂，少数引起萎蔫和畸形。温湿度适宜时，病部可长出霉状物、粉状物、棉絮状物、霜霉状物、小颗粒等特定结构，即病菌的繁殖体。繁殖体借助气流、风力、雨水、灌溉水等传播，由表皮直接侵入，或经由伤口、自然孔口（气孔、水孔、柱头等）侵入，重复多次侵染，使病害得以扩展蔓延。受田间实际条件限制，真菌病害的症状特点往往不够明显。一些病害就以病部长出的典型病症命名，如霜霉病、白粉病、锈病等。

2. 细菌病害

细菌病害的表现主要是斑点、萎蔫和腐烂，感病部位开始多呈水渍状，有透光感，在潮湿条件下病部可见一层黄色或乳白色的脓状物（菌脓），干燥后成为发亮的薄膜。细菌大多沿着维管束传导扩散，新鲜的病组织有明显的"喷菌现象"，枯萎组织的切口能分泌出白色浓稠的脓状物，腐烂组织多黏滑有恶臭。细菌病害的扩散媒介以灌溉水、雨水为主，昆虫和农事操作也能传播，经由植株的伤口或水孔侵入发病。

3.病毒病害

几乎所有蔬菜都能被病毒侵染。病毒病害多为系统侵染形成的全株性症状，以花叶、黄化、斑点、矮缩、畸形等最常见，一般上部嫩叶表现更明显。病毒病害有病状无病征，有些病毒病还与蚜虫、叶蝉、粉虱的发生关系密切。病毒无自我传播能力，依靠昆虫、农事操作的工具，病健株之间的枝叶摩擦、嫁接等传播。因此，切断其传播途径是防治病毒病害的重要措施。

4.线虫病害

蔬菜中的线虫病害以根结线虫为主，危害比较隐蔽，多数表现生长不良，植株矮小，叶片发黄，萎蔫，根部出现大小不一的虫瘿（根结）。线虫多生活在20cm以上土层中，自我扩散能力有限，在田间最初发生面积一般很小，可随种苗、灌溉水、土壤、农事操作传播扩散。

（三）蔬菜病原菌的传播和侵入

1.病原菌的传播

（1）气流（风力）传播

这是真菌最常见的传播方式。霜霉病、白粉病等在病部产生的粉状物、锈状物、霜霉状物中，含有大量的孢子，孢子量大质轻，非常适合气流传播。传播距离远，面积大，防治比较困难。对这些病害的预防应优先选用抗病品种，田间发现长有上述病症的病组织要及时摘除、深埋或烧毁，防止病菌扩散。

（2）水流传播

细菌、线虫和某些真菌可以通过水流传播。真菌中可产生点粒状物的病害如炭疽病等，点粒状物（繁殖体）中的孢子多黏聚在胶质物质中，雨水、灌溉水、棚膜滴水等能将胶质物质溶解，孢子随水流或水滴飞溅进行传播。细菌产生的菌脓只能依靠水流传播。灌溉水还可将土壤中的线虫和一些病原菌如腐霉病菌、软腐病菌、立枯病菌等携带传播。水流传播距离较短，在病害预防中注意控制菌源，减少水流的携带扩散。

（3）土壤传播

蔬菜的枯叶和病残体落入土壤，其中的病原菌随之入土。很多病菌可在土壤中存活多年，连茬、连作使土壤的病菌数量逐年积累，病害逐渐加重，如茄科蔬菜的青枯病、菌核病，十字花科蔬菜的软腐病等。减轻土传病害，应进行土壤消毒、轮作，避免连茬。

（4）种苗传播

有些病菌可经种子传播，如大部分病毒病、番茄叶霉病、茄子黄萎病、瓜类炭疽病等，预防措施包括温汤浸种、药剂浸种拌种等，效果较好。

（5）昆虫和其他动物传播

病毒类病原物都可借助昆虫传播，尤以蚜虫、飞虱、粉虱等传播最多。白菜软腐病也可以借助毛虫、跳甲等携带传播。病毒病的预防中要注重治虫防病。

（6）人为传播

人们的活动和农事操作常帮助病原菌传播。如种苗的调运、共用机具、农事操作中的整枝打杈、移栽、嫁接、蘸花、采收等。因此在管理中尽量将病健株分开操作，防治交叉感染。

2.病原菌的侵入

病原菌的侵入途径有三种：直接侵入、自然孔口（气孔、水孔、蜜腺、柱头等）侵入、伤口侵入。不同的真菌侵入途径不同，如菜豆锈病可直接由表皮侵入，黄瓜霜霉病菌从叶背面的气孔侵入；枯萎病菌则由根部的裂口侵入；细菌一般从自然孔口或伤口侵入，病毒只能从伤口侵入植株。

第二节 蔬菜虫害防治基础知识

一、设施蔬菜害虫发生特点

保护地与露地相比，具有温度高、温差大、光照度低、湿度大、气流缓慢等特点，其中温度增高是影响害虫发生的主要因子。在保护设施中，害虫的发生有一些不同的特点：一是害虫存活率高，危害时间长；二是害虫种类以小型昆虫为主；三是自然控制能力较弱。

二、设施蔬菜害虫的类型

危害蔬菜的害虫主要是昆虫，其次是螨类（红蜘蛛）和软体动物（蜗牛和蛞蝓等）。这些害虫咬食蔬菜的组织和器官，吸食汁液，干扰和破坏蔬菜的正常生长发育，导致产量和质量下降，造成极大的经济损失，此外，一些吸汁害虫（主要是蚜虫）还能传播病毒，造成严重的间接危害。下面依据分类学原理对蔬菜主要害虫作简要归类。

（一）鳞翅目害虫

成虫通称蛾或蝶，幼虫通称为青虫、毛毛虫等。幼虫具有咀嚼式口器，咬食蔬菜作物的根、茎、叶、果实等，是危害蔬菜的主要类群。常见的如菜蛾、菜粉蝶、斜纹夜蛾、甜菜夜蛾、棉铃虫、小地老虎等。

（二）同翅目害虫

成虫、幼虫均为刺吸式口器的害虫。虫体一般较小，常群集在植株叶片和嫩茎上吸吮汁液、分泌蜜露，还能传播病毒病，是蔬菜害虫中另一个重要类群。主要包括各种蚜虫和粉虱，如桃蚜、萝卜蚜、甘蓝蚜、烟粉虱、白粉虱、叶蝉等。

（三）鞘翅目害虫

成虫通称为甲虫，咀嚼式口器，幼虫称为蛴。为害蔬菜的甲虫多数以成虫取食叶片，幼虫在地下取食根或块茎，如多种金龟子、黄曲条跳甲等。

（四）双翅目害虫

成虫通称为蝇、蚊等，舐吸式口器或刺吸式口器。为害蔬菜的主要是蝇类，其幼虫通称为蛆，幼虫取食植株根部或潜入叶肉组织为害。如萝卜地种蝇、豌豆潜叶蝇等。

（五）缨翅目害虫

通称蓟马，成虫以锉吸式口器锉破植物表皮，吮吸汁液，如葱蓟马等。

（六）螨类

为害蔬菜的主要是各种叶螨，群集在植物叶片背面，刺吸汁液。在茄科和葫芦科蔬菜上，叶螨是一类重要害虫，在保护地内容易暴发成灾，如茶黄螨、茄红蜘蛛等。

（七）软体动物

主要是蜗牛和蛞蝓。成、幼体均咬食叶片、幼苗。在地下水位高、比较潮湿的菜地里，蜗牛和蛞蝓常可造成严重危害。

三、蔬菜昆虫的一般特征

（一）昆虫的基本特征

昆虫属于无脊椎动物、节肢动物门、昆虫纲，与其他动物相比有如下特点：

1. 成虫体躯分节，可分为头部、胸部、腹部三体段。

2. 头部是感觉和取食中心，生有口器和一对触角，一对复眼和若干单眼。

3. 胸部是昆虫的运动中心，具有三对足，一般还有两对翅，少数成虫的翅退化。

4. 腹部是新陈代谢和生殖中心，包含生殖系统和大部分脏器。

5. 昆虫在生长发育过程中有变态现象。

（二）昆虫的口器及危害特点

由于食性和取食方式不同，昆虫口器在构造上有所不同。有适合取食固体食物的咀嚼式口器（蝗虫、甲虫、毛虫），取食液体食物的刺吸式口器（蚜虫、白粉虱、盲椿象），兼食固体和液体两种食物的嚼吸式口器（蜜蜂），其他有锉吸式口器（蓟马）、虹吸式口器（蝶蛾类成虫）和舐吸式口器（蝇类成虫）等。

咀嚼式口器的害虫一般食量较大，咬食蔬菜植物组织，在被害植物上造成明显的缺刻、孔洞，甚至将一些器官和组织全部吃光，如菜青虫、菜蛾、茄二十八星瓢虫等；或钻蛀植物根茎、果实中造成危害，如棉铃虫、烟青虫、豆荚螟等。对这类口器害虫的药剂防治，可将胃毒作用的药剂喷洒在作物表面，或制成毒饵，在害虫取食时进入虫体消化道，使其中毒或致病而死亡。

刺吸式口器形如针状，害虫将口针刺入植物组织吸取汁液，常使植物被害部分出现斑点、卷叶、萎缩、畸形及花果脱落等被害状。防治时若施用胃毒性农药，难以奏效，因此选用内吸性药剂效果最好，将药剂施于植物的任何部位，都能吸收运转到全身组织，昆虫刺吸植物汁液后就会中毒致死。蝶蛾类成虫具有类似卷曲发条的虹吸式口器，主要吸食花蜜和一些液体，可将胃毒性杀虫剂与其喜食的糖醋等制成毒液进行诱杀。应当指出：触杀性和熏蒸性杀虫剂不受昆虫口器类型的限制。

（三）昆虫体壁与药剂防治

体壁是昆虫骨化了的皮肤，包在昆虫体躯外侧，具有与高等动物骨骼相似的作用，所以称"外骨骼"，兼有骨骼和皮肤的双重作用。昆虫的体壁极薄，但构造复杂。体壁最外的表皮层含有几丁质、骨蛋白和蜡质等，体壁上常有各种刻点、脊纹、毛、刺、鳞片等外长物，都是疏水性亲脂性的，这些特性使体壁既有一定的硬度，又富有弹性和延展性。

杀虫剂必须接触虫体，进入体内，才能起到杀虫作用。昆虫体表的许多毛、刺、鳞片阻碍了药剂与体壁接触，体壁的一些疏水性的蜡质使药液不易黏附，难以起到杀虫作用。因此，在杀虫剂中加入有机溶剂和油类物质，可大大提高杀虫效力。低龄幼虫体壁比较薄，对药剂抵抗力差，食量小，为害轻，扩散慢，因此防治害虫时最好在幼虫三龄之前，使用黏附力、穿透力强的油乳剂杀虫。人工合成的灭幼脲类杀虫剂，也是根据体壁特性而制造；这类药剂具有抗蜕皮激素的作用，幼虫取食后，抑制其体内几丁质的合成，不能生出新表皮，使幼虫不能蜕皮而死。

（四）昆虫的习性

1. 食性

食性是指昆虫对食物的选择性。按照昆虫取食的食物性质，分为植食性、肉食性、腐食性、杂食性等。了解昆虫的食性，有助于选择轮作植物，营造不适于某类害虫的营养环境。

2. 趋性

趋性指昆虫对外界刺激发生的定向反应。

（1）趋光性

昆虫对光源的刺激所产生的反应。许多夜出性的蛾类、金龟子、蝼蛄等喜欢灯光，生产中常用黑光灯、紫外线灯等进行诱杀；蚜虫、白粉虱对黄色的光有趋性，菜田中应用黄色黏虫板进行诱杀；有些蚜虫不喜欢银灰色，可用银灰色薄膜驱避蚜虫。

（2）趋化性

趋化性是指昆虫对某种化学物质具有趋性。如菜粉蝶选在含芥子油的十字花科蔬菜上产卵，地老虎喜爱酸甜食物，蝼蛄喜爱香甜食物等。在生产中用糖醋酒的混合液诱杀小地老虎，用炒香的麦麸、豆饼等做成毒饵诱杀蝼蛄，就是趋化性的应用。

（3）假死性

即一些昆虫的"装死"习性：遇到外界震动惊扰，即坠落地面装死一动不动，片刻后即又恢复活动。假死性是昆虫应对外来袭击的防御性反应，如小地老虎幼虫缩成一团，甲虫类昆虫的装死表现等。在生产中，人们常利用这种假死性震落捕杀害虫。

（4）群集性

同种昆虫个体高密度聚集在一起的习性。如斜纹夜蛾的幼虫在三龄前常群集为害，在田间少数叶片发生时，可结合农事操作摘除卵叶或虫叶。

（5）迁移性

大多数昆虫在环境条件不适或食物不足时，便进行扩散迁移，如有翅蚜的迁飞扩散等。生产中应用防虫网可有效阻隔蚜虫、白粉虱、蝗虫等在保护地与露地之间的辗转迁移。

四、蔬菜害虫的识别

（一）直接识别

以查看到的害虫的形态特征来鉴别，简单直观。

（二）为害状识别

通过害虫残留物（如卵壳、蛹壳、丝茧、蜕皮、分泌物、排泄物等）或蔬菜的受害症状来鉴别。

1. 叶片受害症状

被害叶片出现缺刻、孔洞，或仅残留透明叶表皮，多为咀嚼式口器的鳞翅目和鞘翅目害虫。叶片呈现灰白色或黄色小点，卷缩，或有蜜露，一般为同翅目蚜虫、粉虱、叶蝉等危害。上部新叶卷曲皱缩，呈火红色，或枯焦，多为红蜘蛛为害。叶片有白色线状弯曲虫道。多为潜叶蝇所为。

2. 花果受害症状

花朵，果实被咬，或钻蛀进入番茄、辣椒、菜豆等果实内部，外有虫粪，使花果脱落，种实瘪粒，一般是棉铃虫、烟青虫、豆荚螟等害虫为害。

3. 根茎受害症状

幼苗被咬断或切断，多为蝼蛄、地老虎侵害。地上部分生长不良，枝叶发黄，根上有颗粒状小球，多为根结线虫为害。

第三节 设施蔬菜病虫害综合防控措施

一、植物检疫

植物检疫是控制检疫性病虫发生与传播的一项有效措施。要加强蔬菜种子、苗木及蔬菜产品的调运检疫工作，杜绝和防范危险性病虫的扩散传播和蔓延（主要由检验检疫部门来完成）。如番茄溃疡病，美洲斑潜蝇等都属于国内检疫害虫。

二、农业综合防治技术

即应用栽培管理方法来防治病虫害。

（一）选用抗性品种

不同蔬菜品种对病虫害的抵抗和忍耐能力不同，因地制宜地选用适宜大棚生产的抗（耐）病虫的品种，是防治温室蔬菜病虫害最经济有效的方法。比如番茄中枝叶上被生较浓密绒毛的品种，不易受蚜虫侵害，因而可减少病毒病的发生。

（二）培育壮苗

好种出好苗，首先应保证无病种子或种子处理。选用种子时最好选用包衣种子，非包衣种子播种前选晴天晒种 2 ～ 3 d，通过阳光照射杀灭附着在种皮表面的病菌。茄果类、瓜类蔬菜种子可用 55℃温水浸种 10 ～ 15 min，豆科和十字花科蔬菜种子用 40 ～ 50℃温水浸种 10 ～ 15 min，或用 10% 盐水浸种 10 min，可将种子里混入的菌核病、线虫卵漂除或杀死，防止菌核病和线虫病发生。采用无病土育苗，施用充分腐熟有机肥和少量无机肥，加强苗床管理，定植时选用优质适龄壮苗。

（三）合理轮作倒茬

同科蔬菜均有相同或相似的病虫害，同一地块连续种植容易产生连作障碍，造成生长不良，病虫害加重。因此同种蔬菜连茬种植应不超过两次，最好与不同种类作物轮作倒茬，减少菌源虫源积累，减轻病虫害发生。

（四）及时清除病残体

多数病虫可在田间的病残株、落叶、杂草或土壤中潜伏，清洁田园可以减少病虫害的来源，改善环境条件。在播种和定植前，清理上茬残留物及四周杂草；生长期对已发病的植株残体、老叶烂叶及时清除，带到棚外烧毁或深埋。如黄瓜霜霉病发生严重时，用药前先摘除中下部老病叶，可显著减少菌量，改善通风透光条件，降低空气湿度，提高药效。

（五）加强生长期栽培管理

1. 肥料施用

提倡配方施肥和测土施肥，底肥与追肥配合使用，选择适当的叶面喷肥种类，多施用充分腐熟的有机肥防止或减轻土壤板结和盐碱化。

2. 浇水和湿度管理

棚室内空气湿度大是引发病害的重要因素，推广垄作地膜覆盖，保温保摘，采用膜下暗灌、微灌滴灌，禁止大水漫灌；选在晴天上午浇水，保证 3 h 以上的通风时间，及时降低叶面湿度；清晨尽早放风；棚室内用药时可酌情用粉剂或烟剂替代喷雾。通过降低棚内湿度可明显减轻十字花科蔬菜软腐病、黑腐病，瓜类和茄类疫病、枯萎病、霜霉病的发生。

3. 设施维护

选用质量好的无滴膜作为棚膜，有利于棚内增温；冬春寒流季节及时清除棚面尘土，增强光照，提高植株抗病能力。

（六）应用嫁接技术

瓜类、茄果类是常见且分布广泛的蔬菜，嫁接技术的应用显得更为重要。通过嫁接可有效防治瓜类枯萎病、茄子黄枯病、番茄青枯病等多种土传病害。黑籽南瓜嫁接黄瓜，不仅有效控制枯萎病，还可减轻疫病的发生。西瓜嫁接一般选用葫芦、瓠瓜、黑籽南瓜作为砧木，可以起到较好的防病效果和增产作用。

三、物理防治技术

使用各种物理因素、人工或器械防治病虫害的方法称为物理防治法。此法简单易行，见效快，不污染环境和伤害天敌，适合蔬菜的无公害生产。

（一）人工捕捉

在害虫发生面积不大或不适于采用其他防治措施时，利用人力或简单器械，捕杀有群集性、假死性等习性的害虫。如在被害植株及邻株根际扒土捕捉小地老虎幼虫等害虫，人工摘除斜纹夜蛾、甜菜夜蛾等的卵块和虫叶，利用害虫的假死性震落捕捉等，对减轻害虫为害均有一定效果。

（二）诱杀

利用害虫对颜色、气味、光等方面的趋性，设置灯光、毒饵诱杀害虫。

1. 灯光诱杀

利用害虫的趋光性，使用各种诱虫灯进行诱杀。在夜蛾、螟蛾、金龟子、蝼蛄等成虫盛发期，可用黑光灯、频振式杀虫灯、高压电网灯等诱杀。

2. 黄板诱杀

蚜虫、温室白粉虱、斑潜蝇等害虫具有趋黄习性，可用黄色黏虫板诱杀，捕杀上述害虫也能显著减少病毒病的发生。黏虫板可自制：用 30 cm×40 cm 黄色薄板（纸板、纤维板等），两面涂无色机油，每亩 8 ～ 10 块，悬挂略高于蔬菜植株上方，一般不超过 1.5 m，机油每隔一周涂一次。

3. 毒饵诱杀

利用害虫的趋化性进行诱杀。如用性诱剂等诱杀小菜蛾、斜纹夜蛾等，用糖醋液（糖：醋：水：酒 = 3：4：2：1，加入约 5% 比例的 90% 晶体敌百虫）诱杀小地老虎等。

4. 银膜驱蚜

银灰色有驱避蚜虫的作用，蚜虫携带致病病毒，因此在夏秋季蔬菜培育易感染病毒病的菜苗时，用银灰色的薄膜或遮阳网覆盖育苗，可以减少病毒病的发病。在棚室里悬挂银灰色薄膜，有同样的驱蚜效果。

（三）高温处理

1. 晴天晒种

播种或催芽前，选择晴天将种子晾晒 2～3 d，不仅可促进种子后熟，增强发芽势，提高发芽率，还可杀灭部分附着种皮的病菌。

2. 温汤浸种

利用植物种子和病虫对温度耐受力的不同，用适度温水处理，有效杀灭种子上的病虫。一般步骤是：准备种子重量五倍左右的热水，保持在 50～55℃（不同种子所需水温不同），浸种 10～15 min，不断搅拌使种子受热均匀，到达规定时间后立即捞出，投入室温冷水中搅拌降温。处理后的种子可直接催芽或晾干后播种。

3. 夏季高温闷棚

连续种植多年的大棚土壤病菌多、害虫多，利用夏季高温季节，浇大水后关闭大棚，闷棚 7～15 d，使棚温尽可能提高，棚内最高温度可达 50～70℃；也可在闷棚前表层撒适量石灰氮和碎秸秆，翻耕后灌水达饱和状态，覆膜闷棚，持续 30 d 左右，可有效预防枯萎病、青枯病、软腐病等土传病害的发生，同时高温也能杀灭线虫及虫卵。

（四）推广应用防虫网、遮阳网

防虫网最适合夏秋季病虫害发生高峰季节的蔬菜栽培或育苗使用。根据本地害虫发生特点及所需棚架大小，选择不同目数的防虫网（一般 20～30 目为宜）。在放风口覆盖或实行全封闭覆盖，防止害虫侵入。防虫网对多种常见蔬菜害虫如菜青虫、小菜蛾、棉铃虫、蚜虫、美洲斑潜蝇等有良好的隔离作用。夏季高温季节还可根据蔬菜特性选择遮阳网降温，提高蔬菜抗逆性。

四、生物防治

利用有益生物及其生物制品来控制病虫害的方法。生物防治使用安全，不污染环境，害虫不会产生抗药性，有长期控制作用，是蔬菜无公害防护中常用的方法之一。但其防治害虫比较单一，显效慢，对使用技术和使用环境有较严格的要求，限制了其药效的发挥。

（一）以虫治虫

利用天敌防治害虫。寄生性天敌昆虫应用于蔬菜害虫防治的有丽蚜小蜂（防治温室白粉虱）和赤眼蜂（防治菜青虫、棉铃虫）等。多种捕食性天敌，包括瓢虫、草蛉、棒络新妇、食蚜蝇、猎蝽等，对蚜虫、叶蝉等害虫起着重要的自然控制作用。

（二）以菌治虫

利用真菌、细菌、病毒等生物制剂防治害虫。这是目前最常用的生物防治技术，如苏云金杆菌（BT 制剂）防治蔬菜害虫，阿维菌素（虫螨克）防治小菜蛾、菜青虫、斑潜蝇、根结线虫等。

（三）以菌治病，以菌杀虫

利用抗生素抑制或杀灭其他病原物的方法。如应用核型多角体病毒、颗粒体病毒防治菜青虫、斜纹夜蛾、棉铃虫等，农用链霉素、新植霉素防治多种蔬菜的软腐病、角斑病等细菌性病害，应用多抗霉素、抗霉菌素防治霜霉病、白粉病等。

（四）应用植物源农药

如利用苦参、臭椿、辣椒、大蒜、洋葱等浸出液兑水喷雾，可防治蚜虫、红蜘蛛等多种蔬菜害虫。

（五）使用昆虫生长调节剂

通过使用昆虫生长调节剂干扰害虫生长发育和新陈代谢，使害虫缓慢而死。此类农药对人畜毒性低，对天敌影响小，对环境无污染。如除虫脲、定虫隆、氟虫脲等药剂。

五、化学防治

使用各种化学制剂防治病虫害的技术手段。化学防治具有见效快、防效高、使用方便、不受地域和季节限制、适用于大面积机械作业等优点，是病虫害防治体系的重要组成部分。它的缺点也显而易见：病虫容易产生抗药性；杀伤天敌、导致害虫再猖獗，次要害虫上升为主要害虫；农药残留，特别是毒性较大的农药，容易污染环境，破坏生态平衡。

第四节 农药安全使用基础知识

一、农药的名称和分类

（一）农药的名称

农药的名称一般有三种：通用名称、商品名称、化学名称。

1.农药通用名称

通用名称即农药品种的"学名"，即农药产品中起作用的有效成分名称。我国境内生产农药的通用名称由三部分顺序构成：有效成分的百分含量、有效成分的名称、剂型，如1.8%阿维菌素乳油。进口农药产品只能使用农药商品名称，其农药名称顺序为：商品名称、有效成分含量、剂型，如来福灵5%乳油。有两种以上有效成分的混配农药名称，在各有效成分通用名之间，用一个间隔号隔开。如72%甲霜·锰锌可湿性粉剂，其有效成分为8%的甲霜灵和64%的代森锰锌。

2.农药的商品名称

指农药生产厂家为其产品流通需要，在有关管理机关登记注册所用的名称。商品名称是由生产厂商自己确定，经农业部农药检定所核准后，由生产厂独家使用。同一个通用名称下，由于生产厂家的不同，可有多个商品名称。如以"氰戊菊酯"为通用名称的农药，商品名称有速灭杀丁、杀灭菊酯等；"吡虫啉"的商品名称有一遍净、大功臣、蚜虱净、蚜虫灵、虱蚜丹、大丰收、快杀虱、必林等。

3.农药的化学名称

即有效成分的化合物的名称，也就是化学分子式。一种农药只有唯一的化学名，类似农药的DNA，与农药的药理研究有关。

（二）农药的分类

在生产上一般按防治对象划分为杀虫剂、杀菌剂、杀螨剂、杀线虫剂、除草剂和杀鼠剂等。

1.杀虫剂

按作用方式分类可分为胃毒剂、触杀剂、内吸剂、熏蒸剂和一些特异性杀虫剂等。

（1）胃毒剂

药剂喷于植物表面或制成毒饵、毒谷等，害虫取食后，进入害虫体内使之中毒死亡。如敌百虫、杀螟丹、氟虫腈等。适合于防治咀嚼式口器的昆虫。

（2）触杀剂

通过与虫体接触，药剂渗入虫体内使害虫中毒死亡。如大多数有机磷杀虫剂和拟除虫菊酯类杀虫剂。对各种口器的害虫均适用，但对体被蜡质分泌物的介壳虫、木虱、粉虱等效果稍差。

（3）内吸剂

药剂被植物组织吸收，运输传导到植株的各部分药剂随之进入害虫体内，或经过植物的代谢作用产生更毒的代谢物，当害虫取食植物组织或汁液时使其中毒。适合于防治刺吸式口器的昆虫。常用的内吸剂有吡虫啉、噻虫嗪等。

（4）熏蒸剂

这类药剂以气体状态通过害虫的呼吸系统进入虫体，而使害虫中毒死亡。如磷化铝、溴甲烷、仲丁威等。熏蒸剂应在密闭条件下使用，能够获得较好的防治效果。

（5）昆虫生长调节剂

昆虫生长调节剂是一类特异性杀虫剂，不直接杀死昆虫，而是在昆虫个体发育时期阻碍或干扰昆虫正常发育，使昆虫个体生活能力降低、死亡。这类杀虫剂包括保幼激素、蜕皮激素和几丁质合成抑制剂等。常见的农药品种有除虫脲、灭幼脲、氟虫脲、虫酰肼、虫螨腈（除尽）等。

（6）其他特异性杀虫剂。

忌避剂：如驱蚊油、樟脑、丁香油等。

拒食剂：如拒食胺素等。

绝育剂：如噻替派、六磷胺等。

引诱剂：如糖醋液、性诱剂等。

黏捕剂：如松脂合剂。

杀虫剂按照化学成分，还可分为有机磷类、有机氮类、有机氯类、氨基甲酸酯类、拟除虫菊酯类、矿物性杀虫剂、植物性杀虫剂、微生物杀虫剂等。

2.杀菌剂

按照作用方式可分为保护剂和治疗剂。

（1）保护剂

在植物感病前，喷布于植物表面或周围环境，形成一层保护膜，阻碍病原物的侵染，从而保护植物免受其害。如波尔多液、代森锌、代森锰锌、福美双、百菌清等。保护剂多属于无内吸性的杀菌剂。

（2）治疗剂

在植物感病后，施用这类药剂，植物通过根、茎、叶吸收药剂进入体内，杀死或抑制病原物，使植物病害减轻或恢复正常。如甲基托布津、疫霉灵、恶霉灵、霜霉威、氟硅唑、咪鲜胺等。内吸性杀菌剂多具有治疗和铲除作用。

3. 杀螨剂

防治螨类的药剂。有些杀虫剂也可以兼治螨类，如阿维菌素、毒死蜱等。

4. 杀线虫剂

用于防治植物线虫病的药剂。如硫线磷、氯唑磷、噻唑磷等。

5. 除草剂

用于防除田间杂草的药剂。按照除草剂的作用方式分为触杀性除草剂和内吸性除草剂；按照作用范围分为选择性除草剂和灭生性除草剂。

二、农药的主要剂型及使用方法

（一）主要剂型

农药的原药一般不能直接使用，必须加工成一定形式的制剂。各种剂型有一定的特点和使用技术要求，不宜随意改变用法。常见的农药剂型有粉剂、可湿性粉剂、乳油、颗粒剂、烟雾剂、悬浮剂、水剂、超低容量喷雾剂、可溶性粉剂、水分散性粒剂、微胶囊剂、种衣剂、缓释剂、胶悬剂、气雾剂、片剂等。

（二）使用方法

根据农药的不同剂型和病虫害发生特点，先用不同的使用方法，常用的方法有喷雾、喷粉、撒施、拌（浸）种、熏蒸、包衣、涂抹、蘸（喷）花、毒饵等。

三、农药的配制和稀释

（一）农药药剂浓度的表示法

国际上普遍采用单位面积有效成分用药量，即克有效成分/公顷(g(ai)/ha)表示方法，现在主要是用在科学实验方面标准的表示方法。目前，我国在生产上常用的药剂浓度表示法有：倍数法、百分浓度法（%）和摩尔浓度法（百万分浓度法或 PPm 浓度法）、波美度法。

1. 倍数法是指在药剂稀释时加入的稀释剂（一般为水）的用量为原药剂用量的多少倍，或者是药剂稀释多少倍的表示法。生产上往往忽略农药和水的比重差异，即把农药的比重看为 1，通常有内比法和外比法两种配制法。内比法用于药剂稀释小于 100 倍时，稀释时要扣除原药剂所占的 1 份；外比法用于稀释大于 100 倍以上时，即计算稀释剂量时，不扣除原药剂所占的 1 份。例如某药剂稀释 30 倍液，适用内比法，即用原药剂 1 份加水 29 份；稀释 1 000 倍液，适用外比法，即可用原药剂 1 份加水 1 000 份。

2. 百分浓度法（%）是指 100 份药剂中含有多少份有效成分。

3. 波美度法是指主要用于石硫合剂的测定的表示法。

（二）农药的稀释计算

1. 倍数法

此法不考虑药剂的有效成分的含量。

例 1：计算 100 倍以下时，考虑扣除原药剂的量。

计算公式：稀释剂量 ＝ 原药剂量 ×（稀释倍数 － 1）

用 40% 达克宁悬浮剂 10 mL，加水稀释成 20 倍后涂抹茎秆，防治番茄枯萎病，求加水量。

计算：$10 \times (20 - 1) = 190$ mL

例 2：计算 100 倍以上时，原药剂的重量可忽略不计。

计算公式：稀释剂量 ＝ 原药剂量 × 稀释倍数

用 10% 吡虫磷可湿性粉剂 10 g，加水稀释成 2500 倍药液，求加水量。

计算：$10 \times 2\,500 = 25\,000$ g $= 25$ kg

2. 百分浓度法或摩尔浓度法

稀释前后药剂的有效成分总量不变。

例 1：计算 100 以下时，考虑扣除原药剂的量。

原药剂量 × 原药剂浓度 ＝（原药剂量 ＋ 稀释剂量）× 稀释药剂浓度

用 40% 氟硅唑乳油 10 mL 配成 2% 的稀释液，需加水多少？

计算：假设加水量为 x。

根据有效成分不变，得 $10 \times 40\% = (10+x) \times 2\%$

$x = 10 \times (40 - 2)/2 = 190$

例 2：计算 100 以上时，原药剂的重量忽略不计。

原药剂量 × 原药剂浓度 ＝ 稀释剂量 × 稀释药剂浓度

用 2% 的二氯苯氧乙酸钠盐 10 mL，加水稀释成 0.002% 浓度的药液，求加水量。

计算：假设加水量为 x。根据有效成分不变，得 $10 \times 2\% = x \times 0.002\%$

$x=10\ 000\ mL=10\ kg$

（三）农药的稀释配制步骤

1.准确计算药液用量和制剂用量

配置一定浓度的药液，应首先按所需药液用量计算出制剂用量及水（或其他稀释液）的用量，然后进行正确配制。计算时，要注意所用单位要统一，并注意内比法和外比法的应用。

2.采用母液配制（两次稀释法）

可湿性粉剂和乳油、水剂等液体农药采用母液配制，能显著提高药剂的分散性和悬浮性、乳化性。第一步是先将所需药液和少量水或稀释液加入容器中，混合均匀，配成高浓度母液；第二步将母液带到施药地点后，再分次加入稀释剂，配制成需要药液。应当注意，两次稀释间隔时间不宜过长，以免母液药性发生变化。

3.选用优良稀释剂

优良的稀释液能够有效地提高药剂乳化和湿展性能，提高药液的质量。在实际配制过程中，常选用含钙、镁离子少的软水（或其他稀释剂）来配制药液，如雨水、井水、湖水等。

4.改善和提高药剂质量

在药液配制过程中，可以采用物理或化学手段，改善和提高制剂的质量。如乳油农药在贮存过程中，若发生沉淀、结晶或结絮时，可以先将其放入温水中溶化、并不断振摇；配置时，加入一定量的湿展剂，如中性洗衣粉等，可以增加药液的湿展和乳化性能；冬季可用不超过40℃的温水稀释，效果更好。

四、影响田间药效的主要因素

（一）用药方法不适当

使用适宜的器械和方法，可达到事半功倍的效果。以喷雾法而言，药剂覆盖程度越高，效果越好。因此雾滴越小，覆盖面越大，雾滴分布越均匀。雾滴一般以每平方厘米上有20个雾滴为好。目前生产上推出的小孔径喷片（孔径 0.7～1.0 mm）和吹雾器比较适用。此外不同的病虫害防治时有一些特殊要求：霜霉病应当叶片两面都打透；小菜蛾多躲在叶片背面，以背面用药较多；地老虎用药时除叶片外，植株周围土壤也应喷湿；防治蚜虫，红蜘蛛要多喷叶背，不能丢行、漏株。

（二）病虫发展程度不同

病害应在发病初期或发病前用药控制，效果较好；害虫在幼龄期（三龄之前）体壁薄，扩散慢，食量小，危害轻，是最佳的防治时期。一些能造成卷叶或钻蛀的害虫，应在卷叶或钻蛀前用药。

（三）温湿度的影响

主要表现在两个方面：

（1）气温较高时，害虫的活动、呼吸作用加快，代谢、取食增加，药效也相应提高。但同时人体也容易吸收药剂，应做好施药前的防护。

（2）雨水冲刷和田间湿度过大时，往往影响杀菌剂的杀菌作用，此时可选用一些内吸性、速效性的药剂，或加入助剂、改变使用方法等，来提高药效。

（四）微生物农药的使用有多种限制

微生物农药具有特殊的活性，在使用时对环境、温湿度、害虫的发育时期等有比较严格的选择性，制约了药效的发挥。

（五）病虫产生抗药性

病菌或害虫产生抗药性，使原有浓度药剂的杀虫杀菌效果降低。此时可选用不同杀虫杀菌机理的药物，加入增效剂（助剂），并轮换用药。

（六）药剂本身特性

（1）相同成分的农药，不同的剂型之间药效稍有差异，一般来说，乳油剂型药效＞可湿性粉剂＞粉剂，但是乳油较易产生药害，使用时可根据栽培蔬菜的敏感程度选择适宜剂型。

（2）杀虫剂中的胃毒剂适合防治咀嚼式口器害虫，内吸剂适合防治刺吸式口器害虫，触杀剂只要接触到害虫虫体，都有相当的杀虫效果，熏蒸剂适合封闭的环境。例如苏云金杆菌（胃毒剂）可以防治鳞翅目的毛虫，但对蚜虫类无效；吡虫啉（内吸剂）主要防治蚜虫、飞虱等，对小菜蛾、斜纹夜蛾等效果不佳；氯菊酯（触杀剂）可防治鳞翅目毛虫、白粉虱等。

（3）有些药剂容易光解，如辛硫磷，用于叶面喷雾时，药效只能持续2～3 d，施入土壤则能保持2～3个月。

五、农药的毒性和药害及合理安全使用

（一）农药的毒性

农药一般都是有毒品。按我国农药毒性分级标准，农药对人、畜毒性分为剧毒、高毒、中等毒、低毒四级。

1. 农药中毒

在使用接触农药的过程中，农药进入人体内干扰正常的生理功能，出现一系列中毒现象。如接触农药后出现的呼吸障碍、心搏骤停、休克、昏迷、痉挛、激动、不安、疼痛等症状，就是农药中毒现象。

2. 农药中毒的类型

以农药中毒引起的人体所受损害程度的不同分为轻度、中度、重度中毒。以中毒快慢分为急性中毒、亚急性中毒、慢性中毒。

3. 农药中毒的途径

农药中毒的途径大致分为皮肤吸收、呼吸吸入、经口食入等三类。

（二）植物的药害

由于用药不当而造成农药对蔬菜作物的毒害作用，称为药害。

1. 药害的表现

按药害产生的快慢可分为急性药害和慢性药害。急性药害指在喷药后几小时或几天内出现药害的现象。如种子发芽率下降，茎叶果出现药斑，黄化，叶片焦枯变色，根系发育不良，落叶或授粉不良，落花，落果。植物的急性药害一般损失很大，应尽量避免发生，如发生轻微，多数情况可以恢复。

慢性药害是指喷药后较长时间后才在植物上表现出的异常现象。表现为生长缓慢，植株矮小，开花结果延迟，落花落果增多，气味、风味、色泽等改变。慢性药害一旦发生，一般难以挽救。

常见药害的症状有：

（1）斑点

斑点主要发生在叶片上，有时也表现在茎秆或果实上，常见的有褐斑、黄斑、网斑等。药害引发的斑点与生理性病害的斑点不同，它在植株上分布没有规律，整个地块发生有轻有重，而生理性病斑通常发生普遍，植株出现症状的部位较一致。与真菌性病害引发的斑点相比，药害引发的斑点大、形状变化大，没有发病中心。

（2）黄化

黄化主要发生在植株的叶片上，重者整株发黄。

（3）畸形

畸形可发生在植株各部位，常见的有卷叶、丛生、肿根、果实畸形等。药害引起的畸形与病毒病引起的畸形不同，前者发生普遍，植株上表现为局部症状，后者往往零星发生，表现为系统性症状，并且常伴有花叶、皱缩等症状。

（4）枯萎

药害引起的枯萎往往是全株性的，多由除草剂施用不当造成。药害枯萎与病害枯萎症状不同，前者没有发病中心，发生过程较迟缓，先黄化后死苗，输导组织无褐变；后者多是根茎输导组织堵塞，当阳光照射、植株水分蒸发量大时，表现先萎蔫后失绿、死苗，根茎导管多有褐变。

（5）生长停滞

由药害造成的植株生长缓慢与生理性的缺素症相比，前者往往伴有斑点或其他药害症状，后者则表现为叶色发黄或暗绿。

（6）不孕

多由于花期用药不当。如在花期用二氯苯氧乙酸钠盐浓度过大，引起不孕。

（7）脱落

在蔬菜上经常发生，有落花、落叶、落果等。各种药剂均可能引起脱落。

（8）农艺性状恶化

一般在果实上表现为果实异常、品质变劣。如西瓜受乙烯利药害后瓜瓤暗红色、有异味。

2. 药害产生的原因

（1）药剂方面

相同条件下无机农药易产生药害，有机合成农药药害较小；同类药剂中，水溶性越大，发生药害的可能性越大；药液悬浮性差、含有杂质较多、药剂颗粒大、搅拌不均匀都容易产生药害。

（2）植物方面

不同作物、同一作物的不同品种或不同生育时期对农药的反应也有差异；植物的形态结构与抗药性也有关系。

（3）环境条件

高温、阳光充足易产生药害，雨天和湿度大的情况下也容易产生药害。

（4）用药方法

方法不适当，也会产生药害。因此要正确选择药剂品种，不随意增大使用浓度，不随意缩短施药间隔，合理地混用药剂。

3. 药害的预防

严格按照农药的使用说明用药，控制用药浓度，不随意混合使用农药；防治处于开花期或幼苗期的植物，应适当降低使用浓度；应选择在早上露水干后及 11 点前或下午 3 点后用药，避免在中午前后高温或潮湿的恶劣天气下用药，以免产生药害。

4. 产生药害的补救措施

（1）喷清水或略带碱性水淋洗

叶面喷雾造成的药害，可以迅速用大量清水喷洒受药害的作物叶面，反复喷洒清水 2 或 3 次，尽量把植株表面上的药物洗刷掉。同时增施磷钾肥，中耕松土。此外，由于目前常用的大多数农药，遇到碱性物质都比较容易分解减效，可在喷洒的清水中加适量 0.2% 的烧碱液或 0.5% ～ 1.0% 的石灰液，进行淋洗或冲刷，以加快药剂的分解。

（2）迅速追施速效肥

对药害植物迅速追施尿素等速效肥增加养分，增强植物生长活力，促进早发，加速植株恢复能力。此种方法对受害较轻的种芽、幼苗，挽救效果比较明显。

（3）喷洒缓解药害的药物

针对发生药害的药剂，喷洒能缓解药害的药剂。如油菜、花生等受到多效唑抑制过重，可适当喷施 5 mg/L 的赤霉素溶液；农作物受到氧化乐果、对硫磷等农药的危害，可在受害作物上喷洒 0.2% 硼砂溶液；硫酸铜或波尔多液引起的药害，可喷施 0.5% 石灰水等；熏蒸剂危害可施用活性炭吸附空气中的药物。

（4）灌水洗田

对于土壤施药过量的田块，应及早灌水洗田，使大量药物随水排出田外，以减轻药害。

（5）摘除受害处

及时摘除受害严重的部位，防止植株体内的药剂继续传导和渗透。

（三）农药的合理安全使用

1. 合理选择农药

禁止在蔬菜上使用国家明令禁止使用的剧毒、高毒、高残留农药，推广使用低毒、无残留农药和生物农药。生产无公害蔬菜及出口蔬菜还要遵守各自具体的规定，以保障蔬菜的质量安全。

2. 对症用药

正确识别病虫害，选择适宜药剂。多种病虫同时发生可混合用药，如 BT 制剂与有机磷、阿维菌素、菊酯类农药混用，既能降低化学农药用量，又能扩大杀虫谱，尤其与击倒力较强的农药混用，既能提高 BT 制剂前期防效，又能延长持效期。但要注意药物的混配原则，混用农药不应使用互相能够产生化学反应导致有效成分发生变化的药剂，以防影响其有效成分分解。

3. 适期用药

防治虫害在害虫三龄前，病害在发病前或发病初期用药最好，并注意农药的交替使用，以防产生抗药性。结合大棚面积和小气候特点掌握好农药用量和使用浓度，灵活选用农药剂型，低温时用药可用熏蒸或喷粉法替代喷雾法，尽量不增加棚内湿度。

4. 轮换用药

长期施用同一种药剂，容易使病虫产生抗药性。应当轮换施用不同作用机制的农药品种，还可加入一些助剂。

5. 严格控制施药安全间隔期

严格按照农药使用说明中规定的用药量、用药次数、用药方法，规范使用化学药剂，严格控制农药使用安全间隔期，严禁在安全间隔内采收蔬菜产品。

6. 安全用药

采用正确的施药方法，控制用药浓度，可减少对天敌微生物的伤害，避免对植物产生药害。

六、农药的选购

（一）农药标签完好、内容完整

若没有标签或不完整，可能是假农药或劣质农药。正规农药标签应包含以下内容：

1. 农药名称

主要包括农药通用名称、商品名称和化学名称。

2. 有效成分名称及含量

有效成分含量一般采用质量百分数表示，两种以上有效成分的混配农药产品应依次注明各有效成分的通用名称及其含量。

3. 净含量

净含量即农药的净重。

4. 农药三证

包括农药登记证号、农药产品标准号、生产许可证号或生产批准证书号。境外进口产品只有农药登记证号。

5. 生产日期和批号

生产日期和批号可以合二为一，保质期一般要求为两年以上。

6. 使用方法

应简明扼要地描述农药的类别、性能和作用特点，按照登记部门批准的使用范围介绍使用方法，包括适用作物、防治对象、施用适期、施用剂量和施用次数等。

7. 使用条件

包括农药的混用、使用时的限制条件、安全间隔期、作物最大残留量、对有益生物的影响等。

8. 毒性标志

毒性标志应在显著位置标明农药的毒性及其标志，分为剧毒、高毒、中等毒、低毒或微毒等。一般用红色字体注明。

9. 注意事项

包括用药时的防护，器械的清洗等。

10. 贮存和运输方法

包括贮存和运输的条件和方法等。

11. 中毒急救

包括中毒症状、急救要求等。

12. 农药类别颜色标志带

在标签的下方，有一条与底边平行的特征颜色标志带，以表示不同农药类别（公共卫生用农药除外）。农药产品中含有两种或两种以上不同类别的有效成分时，其产品颜色标志带应由各有效成分对应的标志带分段组成。杀虫/螨/蛾剂的颜色标志带为红色，杀菌/线虫剂的颜色标志带为黑色，除草剂的颜色标志带为绿色，植物生长调节剂的颜色标志带为黄色，杀鼠剂的颜色标志带为蓝色。

13. 象形图

用于标示农药安全使用的图形，通常位于标签的底部，用黑白两种颜色印刷。

14. 生产厂家信息

标明制造、加工或分装企业的名称、地址、邮编、电话、传真等信息。

（二）农药性状的简易鉴定

1.乳油

外观应清晰透明、无颗粒或絮状物，在正常条件下贮藏不分层、不沉淀。滴入水中就能迅速扩散，乳液呈淡蓝色透明或半透明溶液，并有足够的稳定性，将乳液静置半小时以上，无可见油珠和沉淀物说明产品质量较好。若稀释后的液体不均匀或有浮油、沉淀物，都说明产品质量可能有问题。

2.粉剂、可湿性粉剂

粉剂、可湿性粉剂应为疏松粉末，无团块，颜色均匀。粉剂结块说明已受潮，颗粒感较多表明产品的细度不达标，以上问题都可能影响使用效果。可湿性粉剂应能较快地在水中逐步湿润分散，全部湿润时间一般不会超过2min；可湿性粉剂在储存中易变成块状，可先将结块的粉剂碾碎，加入少量水，如果结块很快溶解，证明药剂没有失效。

3.悬浮剂、悬乳剂

应为可流动的略黏稠的悬浮液，无结块。悬浮液长期存放，可能存在少量分层现象，但经摇晃后应能恢复原状，不影响使用；如果分层不能恢复原状或仍有结块，说明产品存在质量问题或已经失效。

4.熏蒸片剂

熏蒸用的片剂如呈粉末状，表明已失效。

5.水剂

水剂应为透明或半透明的均一液体，无沉淀或悬浮物，加水稀释后一般也不出现混浊沉淀。水剂在低温存放时，有时会出现固体沉淀，若沉淀物不多，且在温度回升后能再融化，仍为合格产品，使用后不影响药效；反之，就属不合格产品。

6.颗粒剂

大小均匀的颗粒物，不应含有许多粉末。

7.种衣剂

无特定加工形态。国产品种大多为悬浮剂。

8.烟剂

手感应松软，无吸潮结块。烟剂易燃，应储存于无明火环境中。

七、蔬菜的农药安全间隔期

安全间隔期是指农产品在最后一次使用农药到收获上市之间的最短时间。在此期间，多数农药的有毒物质会因光合作用等因素逐渐降解，农药残留达到安全标准。常见药剂的安全间隔期如下：

（一）杀菌剂

75% 百菌清可湿性粉剂在蔬菜收获上市前 7 d 使用：

77% 可杀得可湿性粉剂 3 ～ 5 d；

50% 扑海因可湿性粉剂 4 ～ 7 d；

70% 甲基托布津可湿性粉剂 5 ～ 7 d；

50% 农利灵可湿性粉剂 4 ～ 5 d；

50% 加瑞、58% 瑞毒雷锰锌可湿性粉剂 2 ～ 3 d；

64% 杀毒矾可湿性粉剂 3 ～ 4 d；

72% 克露可湿性粉剂 5 d；

30% 琥胶肥酸铜（DT）悬浮剂 3 d；

15% 农用链霉素粉剂 2 ～ 3 d；

40% 农抗 120 水剂 1 ～ 2 d。

（二）杀虫剂

10% 拟氰菊酯乳油 2 ～ 5 d；

2.5% 溴氯菊酯 2 d；

2.5% 功夫乳油 7 d；

5% 来福灵乳油 3 d；

5% 抗蚜威可湿性粉剂 6 d；

1.8% 爱福广乳油 7 d；

10% 快杀敌乳油 3 d；

40.7% 乐斯本乳油 7 d；

20% 灭扫利乳油 3 d；

20% 氰戊菊酯乳油 5 d；

35% 优杀硫磷 7 d；

20% 甲氰菊酯乳油 3 d；

10% 马扑立克乳油 7 d；

喹硫磷 25% 乳油 9 d；

50% 抗蚜威可湿性粉剂 6 d；

5% 多来宝可湿性粉剂 7 d；

50% 辛硫磷 5 d。

（三）杀螨剂

50% 溴螨酯乳油 14 d；

50%托尔克可湿性粉剂 7 d。

八、无公害蔬菜生产中常用的药剂品种

（一）杀虫剂

辛硫磷、敌百虫、马拉硫磷、敌敌畏、毒死蜱、喹硫磷、农地乐、杀虫双、灭多威、抗蚜威、杀螟丹、溴氰菊酯、氰戊菊酯、顺式氰戊菊酯、高效顺反氯氰菊酯、联苯菊酯、高效氟氯氰菊酯、灭幼脲、除虫脲、氟虫脲、噻嗪酮、氟啶脲、氟铃脲、吡虫啉、啶虫脒、阿维菌素、苏云金杆菌、多杀霉素、印楝素、烟碱、鱼藤酮、甲维盐、氟虫双酰胺、虫螨腈、苗虫威、浏阳霉素、塞螨酮、哒螨灵、三唑锡等。

（二）杀菌剂

代森锰锌、多菌灵、三唑酮、福美双、多抗霉素、噁霉灵、杀毒矾、普力克、扑海因、百菌清、农抗 120、速克灵、甲霉灵、可杀得、病毒 A、新植霉素、宁南霉素、菌核净、乙烯菌核利、波尔多液（粉）、络氨铜、氧化亚铜、加瑞农、硫酸链霉素、琥胶肥酸铜、三乙膦酸铝、甲霜·锰锌、霜脲·锰锌等混配制剂。

（三）除草剂

二甲戊灵、精喹禾灵、精吡氟禾草灵、高效氟吡甲禾灵、异丙甲草胺、乙草胺、氟乐灵、扑草净、百草枯、莠灭净、杀草丹、草甘膦等。

（四）植物生长调节剂

乙烯利、赤霉素、萘乙酸、二氯苯氧乙酸钠盐、多效唑、芸苔素内酯等。

九、无公害蔬菜禁用的农药种类

六六六、滴滴涕、毒杀芬、二溴氯丙烷、杀虫脒、二溴乙烷、除草醚、艾氏剂、狄氏剂、汞制剂、砷、铅类、敌枯双、氟乙酰胺、甘氟、毒鼠强、氟乙酸钠、毒鼠硅、甲胺磷、甲基对硫磷、对硫磷、久效磷、磷胺、甲拌磷、甲基异硫磷、特丁硫磷、甲基硫环磷、治螟磷、内吸磷、克百威、涕灭威、灭线磷、硫环磷、蝇毒磷、地虫磷、氯唑磷、苯线磷。

禁止氧化乐果在甘蓝上使用，禁止丁酰肼（比久）在花生上使用，禁止三氯杀螨醇和氰戊菊酯在茶树上使用，禁止特丁硫磷在甘蔗上使用。

十、蔬菜生产推广使用的生物农药和抗生素制剂

表 5-1 生物农药和抗生素制剂补施

序号	制剂名称	稀释倍数	安全间隔期（d）	注意事项
1	苏云金杆菌（BT 乳剂）每克含活孢子 120 亿个	600	1～2	不能与内吸性有机磷杀虫剂混用
2	杀螟杆菌粉剂每克含活孢子 100 亿个	600	1～2	同上
3	青虫菌（杀螟杆菌 1 号）粉剂/每克含活孢子 100 亿个	600	1～2	同上
4	齐螨素（虫螨克）/1.8% 乳剂	3 000～4 000	7	同上
5	4% 农抗 120 水剂	800	1～2	不限制混用
6	多抗霉素 3% 粉剂	1 000	2～3	不与酸、碱性农药混用
7	农用链霉素 15% 粉剂	1 000	2～3	应单独施用
8	井冈霉素 15% 粉剂	1 000	2～3	不与碱性农药混用

注：制剂施用后 4h 内遇雨，须补施一次。

第六章 市场化与国际化进程中的
中国蔬菜产业发展

中国蔬菜产业发展的历史轨迹、世界蔬菜产业发展的经验借鉴以及国内、国际两个市场条件下中国蔬菜产业竞争力的研究，为我们提供了一个透视中国蔬菜产业发展的理论视角。而对深圳蔬菜产业发展独具特色的生产与流通模式的总结和归纳，从实践角度为其他地区蔬菜产业的健康发展提供了可供借鉴的思路与启示。但是，无论是蔬菜产业经济理论的分析，还是实践价值的总结与归纳，最终研究都要落脚于当前市场化与国际化不断加快的现实背景下中国蔬菜产业发展战略的选择。本章将在把握中国蔬菜产业发展的现实选择与未来走向的基础上，深入探讨 WTO 的制度框架对中国蔬菜产业发展的影响及其应对策略选择。

第一节 中国蔬菜产业发展的现实选择

面对新形势，我国蔬菜产业要进一步加快发展，必须实行新的发展战略，在巩固发展传统优势的同时，再创新优势。笔者认为，当前我国蔬菜产业发展的根本是要实现由量的扩张到质的提升的飞跃，即由原来以量的扩张为中心，适时转到以提高质量为中心、以产后为中心，延伸蔬菜产业的发展链条，加快产加销一体的蔬菜产业化步伐，提升蔬菜产业在整个国民经济中的地位与作用；要依托蔬菜加工龙头企业的带动，建立蔬菜生产基地，稳步发展蔬菜产销合作组织，努力提高农民的组织化程度，做大、做强蔬菜产业，实现由蔬菜大国向蔬菜强国的跨越。

根据理论分析以及深圳模式的实践经验，在当前制度框架内，我国蔬菜产业发展的总体思路应该是以完善市场准入与认证制度为基础，以批发市场建设为依托，通过强化生产环节的质量标准化和操作规范化以及包括品牌化在内的各种营销策略的运用，从而实现从蔬菜生产到流通全过程的管理与技术控制。在此基础上，我国蔬菜产业发展的现实选择是：以市场为导向，以提高产品质量为核心，以扩大市场份额和增加经济效益为目标，以特色化、名牌化为突破口，以产业化为实现途径，立足于蔬菜的育种、育苗、生产、加工、销售各环节，积极推进科技进步，努力提高单位产量，实施标准化生产，规模化布局；在基本保持全国蔬菜播种面积为1 333万公顷左右的基础上，重视蔬菜种植结构的调整，重视蔬菜加工新品种的开发，实施名牌战略，创名牌产品，大力发展有市场竞争力的特色产品、优质产品；高度重视蔬菜的产后处理，加强产品的整理、包装、贮运、加工，不断提高蔬菜产品的附加值，提升产品的市场竞争力；靠产品质量优势，努力开拓国内外市场，不断巩固和发展市场份额，构筑规模化布局，产业化经营，形成标准化、特色化、名牌化生产，构建多元化、市场化营销的蔬菜产业带，使蔬菜产业成为我国国民经济中有特色、有竞争力的重要支柱产业。

一、以推行生产标准化和过程规范化为重点，推进蔬菜产业化向纵深发展

（一）农业标准化与过程规范化

农业标准化是农业现代化的重要技术支撑，是实现我国农业与国际市场对接和实施品牌战略的有力措施。农业标准化要顺利实施必须解决两个方面的问题：一是农业标准的制定和修订；二是农业标准的贯彻和实施，即按照农业标准进行规范化生产与销售。近几年，中央与地方政府以科学性、系统性、完整性为原则，紧密结合生产和市场流通、进出口贸易的实际需要，并时刻注意与国外先进标准接轨，制定与修订了一系列蔬菜生产与销售标准，使我国蔬菜标准从空白走向比较健全，逐步摆脱落后的局面。只有严格按照农业标准进行规范化生产与销售，才能使消费者吃到放心的蔬菜，农业标准制定与修订的目的和意义才能真正得到实现。

农业标准化是运用"统一、简化、选优"的原则，通过制定和实施标准，使农业生产的产前、产中、产后的全过程纳入标准生产和管理的轨道。农业标准主要有：农副产品等级标准；种子（苗）、种畜禽、水产种苗等品种标准及农业生产资料质量标准；农艺技术规范；农副产品加工包装、储藏、保鲜、运输、标识标准；农业基础标准，如检测技术、农业环境标准等。农业标准化由三个体系组成，一是农业标准体系，这一体系中包括了农产品标准、种子种苗标准、生产技术规程等；二是农业标准监测体系，其目的是通过对生产资料、农产品和农业生态环境等方面的监测，对标准的实施进行监督；三是农业标准化服务咨询体系，该体系由标准化管理部门、农业管理部门、环

保部门、科研单位等组成，其主要作用是研究、宣传本国、本地的农业标准和国外标准，向企业和农户提供咨询服务。

农业标准化也是推广农业科技成果的重要措施和手段，是农业科技成果转化为生产力的桥梁和纽带。它将传统的生产经验和现代科技成果相结合，制定出一系列因地制宜、简明可行的标准，指导和规范农业生产的全过程和农产品的加工、销售各环节。此外，农业标准化还是农业产业化经营的前提和基础。只有制定统一的技术和管理标准，把分散的农户组织起来，才能扩大农业生产规模，形成市场竞争中的规模效益和品牌效应。真正的农业产业化就是要把工业上的全面质量管理思想引用到农业生产的全过程中，进行全过程质量管理和标准化管理。

以农业标准化为基础的过程规范化是公开、公平、公正市场的保障。农产品市场体系高效运作将有赖于公开、公平、公正的市场环境，而规范市场的形成要以健全的价格形成与传递机制作保障。在蔬菜标准基本完善的前提下，规范化的生产与销售是蔬菜质量的重要保障。过程规范化有利于实现蔬菜的优质优价，有利于改变目前蔬菜等级差价不明显的局面，价格能够真正反映产品的价值，同一等级的蔬菜执行同样的价格，使生产者和运销者接受到的价格信号清晰、准确，有利于他们及时、正确的做出生产经营决策。同时，过程规范化保证了蔬菜质量、规格、包装等方面的标准化，有利于商品的均质化，从而有利于实现拍卖交易。

农业标准化与过程规范化可以有效降低交易费用。交易费用是在交易过程中所需费用的统称。包括价格搜寻费用（要素购买价格与产品出售价格）、品质度量费用（对采购要素与服务质量的评价费用，对自身出售品质量的评价费用）和形成交易的谈判成本（包括签约、实施、监督等的成本）。一方面，数量众多的农户协商所引起的高额交易费用和"囚徒困境"所造成的高执行成本，使业内几乎没有形成强大组织的可能性；另一方面，从微观上看，每个交易主体是否交换，取决于他对交易活动的成本效益分析。随着市场化进程的加快，农户作为独立的经营主体，其参与市场的交易费用极为高昂，阻碍了市场机制作用的正常发挥，影响了农产品的交易效率。而过程规范化可以节约交易双方寻找交易对象、搜集、交换信息的成本。在商品交易前，买者必须尽量了解市场上同种商品的所有卖者及其商品的品质，卖者必须尽量向所有买者推广自己的产品，买卖双方都要面对众多分散的交易对象，这给交易者的搜寻工作带来困难，使交易主体需要支付高昂的信息成本。过程规范化对生产者来说，可以通过对标准的严格执行来树立自己的品牌，减少交易前向社会推广自己产品的成本，对购买者来说，在生产者进行规范操作的前提下，只需了解其执行的标准，即可对其产品质量有较充分的了解，从而大大减少了买者寻找交易对象、搜寻产品信息的成本。此外，过程规范化还可以节省商品检验及合同履行成本。

农业标准化与过程规范化可以有效化解市场风险、降低生产成本。过程规范化保障了蔬菜的质量与安全，同时通过名牌战略的实施，强化了农民群众依靠科技进步提高收入的意识，促使人民群众在生产中自觉进行规范化操作，进一步保障了蔬菜的质量与安全。针对不同的质量标准，生产出来的农产品也应有不同的价格，而交易双方对标准信息的掌握程度应该是对等的，即农产品的质量标准使得商品交易双方掌握对等的商品信息，避免了农产品交易过程中，由于掌握信息不对等，处于信息优势地位的交易对手通过误导、隐瞒、欺诈等机会主义行为侵害处于信息劣势地位主体的利益，从而极大地化解了交易风险。此外，蔬菜的规范化操作还有利于降低生产成本。农产品生产成本包括物质消耗支出和活劳动消耗，近年来，这两方面都有增长过快的趋势。过程规范化通过先进的农药、化肥施用技术，减少蔬菜生产过程中化肥、农药的使用量，直接降低了蔬菜的生产成本，另一方面其最大限度地发挥了蔬菜的生产潜力，提高单产，增加蔬菜生产收益，间接带来了生产成本的降低。总之，过程规范化在保证蔬菜产品品质的同时也提升了蔬菜的价格，使其收益明显高于一般农产品，从而间接起到了降低生产成本的作用。

（二）生产标准化、过程规范化与蔬菜产业的纵深发展

从我国的现实情况看，要做大、做强蔬菜产业，必须向纵深推进产业化；而要向纵深推进蔬菜产业化，必须首先推行生产标准化。按照标准化规程种植、加工蔬菜是扩大出口的需要，也是稳定市场份额的需要，更是增加农民收入、维护加工企业信誉、提高产品竞争力和企业经济效益的需要。建议统一组织有关科技、教学和推广部门的人员，根据已有的研究成果、国内外市场需求以及国家的有关规定，分门别类地研究制订无公害蔬菜和有机蔬菜从产地环境到生产技术、加工技术及包装上市全过程的操作技术规范，用标准来规范农民的种植和作业行为，用标准来规范龙头企业的加工行为，用标准严格控制从种子到育苗、种植、加工、销售的诸多环节，逐步实现全过程的标准化，从根本上保证蔬菜产品质量和规格的统一。

在坚持标准化生产的基础上，推进蔬菜产业化向纵深发展。第一，对蔬菜产业化要做到认识到位、工作到位，不能仅重视生产而轻视加工和流通。在蔬菜主产区要成立蔬菜产业化的主管部门，改变目前各部门分散管理的状况，对蔬菜的生产、加工、销售、检测等实施统一管理，逐步把生产、加工、

流通的产业链按产业化要求连接起来。第二，要进一步完善产业化的组织形式。当前要把农民产销合作组织和产销中介组织建设作为工作重点，提高菜农的组织化程度，增强其市场开拓和抗御风险的能力。第三，注重政策推动。在调查研究的基础上，政府要出台一些相关政策规定，努力营造有利于农户与市场连接、有利于各种产业化组织和主体健康发展的制度环境。第四，探讨机制建设。要通过建立好的运行机制，重点突破加工、保鲜、贮运等薄弱环节，促进生产与加工、保鲜与贮运的同步发展，使产业化各环节之间既相对独立，又能成为具有合理的利益分配机制和约束机制的利益共同体。

笔者认为，纵深推进产业化，建好产业化实体是关键。要不拘一格、多种模式地组建产业化实体，将蔬菜的制种、育苗、种植、加工、销售融为一体。从我国农村经济管理体制的现状看，成立以加工企业为核心层的蔬菜产业化集团公司，实行"公司式制种—工厂化育苗—分散农户按基地要求大田种植—企业加工—集团公司统一对外销售（尤其是出口）"的产业化实体的理想模式。对照这一模式，目前总体上我国"公司式制种"尚未破题，"工厂化育苗"初露端倪，对外销售尚未形成"合力"和"拳头"。对此，必须针对这些薄弱环节加大工作力度。组建产业化实体，加工企业是关键。从我国目前蔬菜加工龙头企业的现实情况看，小、散、粗的问题比较突出，为进一步提升龙头企业的国际竞争力，必须借助于资产重组和组织重构，采取兼并、重组、租赁、联合等多种形式优化企业组织结构，促进加工企业的集团化和群体化，不断提高加工能力和市场开拓能力。

二、实施品牌战略，全面提升蔬菜产品质量

品牌化建设是蔬菜尤其是无公害蔬菜走向市场必不可少的一环，是提高蔬菜产业竞争力的重要基础，是实施绿色营销的内在要求。将蔬菜产品质量融入品牌价值，变质量优势为竞争优势是保持其旺盛生命力的有效途径。

第一，品牌建设有利于改善蔬菜市场销售混乱的局面。目前我国蔬菜还没有形成完善、健全、系统的市场体系。虽然有些城市已经实现了定点挂牌或配送中心配送的现代销售形式，但定点挂牌销售的商家一般规模小，贮藏保鲜设施也较落后，销量较低，发展较为缓慢；配送中心配送的蔬菜也主要是供应超市。所以总体上看，目前我国蔬菜市场销售还主要是以非规范的小型批发、集贸市场对手交易为主。定点挂牌及配送等营销方式是与产品品牌密切相关的，所以，强化蔬菜产品的品牌意识，不断完善品牌建设，是将蔬菜推向市场的重要手段，是实现营销方式创新以及有效改善蔬菜销售市场混乱局面的重要保障。

第二，品牌建设有利于将蔬菜生产的高成本转化为品牌价值。制约我国蔬菜发展的首要障碍是高成本，以无公害蔬菜为例，仅取得产品认证就要花大量的精力和费用。而且在生产和种植过程中，化学农药和化肥的施用限制等一系列规程和措施也限制了蔬菜的产量。这样就迫使其在市场上往往出售价格较高。尽管高价位的蔬菜给消费者提供了相应的优质、营养、安全的价值，但由于价格过高，在很大程度上仍限制了消费者的购买意愿。消费者在购买时，往往显示出怀疑、犹豫的态度，即使是做出购买的决定，也往往只是一种尝试，缺乏对无公害蔬菜的忠诚。而具有一定知名度品牌的蔬菜产品，不仅能提高顾客的购买热情，还能提高顾客对该品牌的忠诚度。

第三，品牌建设有利于生产者在激烈的市场竞争中把握主动权。目前生产者品牌建设和维护意识相对较差，主要表现在两个方面。一方面是生产者没有重视对产品品牌的建设和维护，所以也就没有重视产品的质量，没有采用严谨规范的生产管理体系；另一方面，生产者缺乏品牌经营意识，也就没有重视对产品品牌的确立和维护，对商标的选择也没有考虑其形象等核心价值问题。在竞争正在变得日益激烈的市场中，谁先重视自己的品牌经营、重视产品质量和对顾客的忠诚，创立和维护内容好、能体现其产品定位和核心价值的品牌商标，谁就能够得到顾客的忠诚和品牌忠诚，谁就能够成为这个市场的领先者。

面对蔬菜市场竞争不断加剧的新形势，只有提高产品质量，才能赢得市场竞争的主动权，而产品质量是靠品牌效应体现出来的，只有创造出在国内外市场上质量过硬、有较高知名度的名牌产品，才能使蔬菜产品在市场竞争中立于不败之地。为此，必须充分认识树立品牌意识的重要性，应围绕我国蔬菜的优势品种，进一步加大培育和争创名牌的工作力度，形成一批蔬菜产品及其加工品的名牌群，尤其是注重推出具有地方特色广为人知的名、特、优、稀、新产品，并实施规模化、专业化和标准化生产，提高名牌产品、优质产品的比重。对已确立的名牌产品要加大宣传力度，制定名牌营销策略，搞好商标注册，制定商品标准，进行高标准的产后处理。要改变把名牌产品当作一般商品销售的做法，重新对名牌产品进行市场定位，走名品变精品、抢占市场制高点的路子。

三、认证程序化与蔬菜市场准入

我国的蔬菜产品在国际上具有较强竞争优势，而加入 WTO 的大好机遇更是为我国的蔬菜出口创汇创造了良好的条件。但是，尽管目前我国蔬菜产品进入国际市场的各种关税壁垒已经大大减少，然而各种新的绿色壁垒和技术壁垒却经常将我国的蔬菜产品拒之于他国国门之外。蔬菜作为一种安全、营养、优质的绿色产品，在通过产品认证从而使其符合世界市场的相关技术标准前提下，可以有效绕过绿色壁垒，极大地提高我国蔬菜产品在国际市场上的竞争力。下面笔者将以无公害蔬菜为例，从理论分析与经验实证的角度，详细阐述在我国蔬菜产业发展的现实选择中，产品认证程序化的重要意义与理论价值。

（一）缺乏产品认证条件下的无公害蔬菜产销：易于形成恶性循环

无公害蔬菜是一种安全营养优质的蔬菜产品，但是其品质优良的表现主要是反映在其内在的安全品质和营养品质上，而这两个方面的表现对购买者来说是很难辨认的，在没有认证的情况下，消费者很难从外观品质上正确识别无公害蔬菜与普通蔬菜。因此目前无公害蔬菜市场上经常可以见到普通蔬菜洗净后冒充无公害蔬菜的现象，如果不尽快加强对市场的管理，这些冒充蔬菜将对无公害蔬菜市场产生很大的消极影响，会造成无公害蔬菜市场价格的降低以及销量的下降。另一方面，在普通蔬菜鱼目混珠使无公害蔬菜市场价格降低之后，生产者必然降低其生产成本来维持无公害蔬菜的生产和供应，而生产成本的降低又将降低无公害蔬菜的产品营养安全质量，于是就更加使消费者难以区分无公害蔬菜与普通蔬菜，甚至使消费者对无公害蔬菜市场产生信任危机，最终形成恶性循环。

无公害蔬菜在遭受普通蔬菜冲击后，直接表现是蔬菜价格降低。比如用 P_a 表示无公害蔬菜正常价格，P 表示普通蔬菜价格，P_c 表示消费者的愿望价格（即市场价格），用 r 表示购买者对无公害蔬菜的识别率，则无公害蔬菜的市场价格为 $P_c=P_a\times r+P_b\times（1-r）$，显然，$P$ 小于无公害蔬菜的正常价格。同时，一旦普通蔬菜鱼目混珠使消费者对无公害蔬菜市场产生信任危机，就会影响无公害蔬菜的销售量。在没有产品认证的条件下，生产投入的减少将对无公害蔬菜市场产生很大的影响，主要表现在以下几个方面：

（1）由于菜农对无公害蔬菜生产技术操作缺乏有效、快速、低成本的控制手段，而在其所能够控制的投入较低的情况下，生产过程的稳定性也相应降低，势必将影响无公害蔬菜产品的营养安全质量。

（2）目前，很多菜农对无公害蔬菜的生产还持观望态度，生产控制的积极性不是很高。菜农在无公害蔬菜生产的投入降低以后，就更可能放弃无公害蔬菜的生产，转而参与用普通蔬菜以次冒充的活动中，这种转变将更加扩大普通蔬菜冒充对无公害蔬菜的冲击。而且可以看出，普通蔬菜以次充好导致的销量冲击和价格冲击对无公害市场造成的伤害会越来越大，最终甚至可能导致无公害蔬菜退出市场。因此，在没有实行产品认证的无公害蔬菜市场中，生产者首先没有对无公害蔬菜进行质量控制的积极性，而且由于市场众多伪劣产品的冲击，较低的市场价格只能获得较低的收入，而凭借有限的生产收入对产品质量进行严格控制将非常困难，所以市场是不能自动提供无公害蔬菜的。

（二）实行产品认证后的无公害蔬菜产销：建立良性循环的保障

从前述分析中可以看出造成恶性循环的根本原因是由于消费者难以区别无公害蔬菜与普通蔬菜，而生产者虽然能够正确区分，但由于生产成本不能有效降低，故并不愿意控制产品的营养安全质量，进而形成产品质量信息的不对称性。这种不对称性的产生使生产者不愿意对产品的安全质量进行严格控制，因为从短期来看，降低无公害蔬菜的营养安全质量并不会影响其产品的销售量和收入，恶性循环是需要经过长期才能明显表现出来的。但是实行产品认证以后，生产者必须按照一定的生产操作规范与质量控制措施对产品质量进行控制。解决其恶性循环的杠杆点有两个：一是减少普通蔬菜对无公害蔬菜的冲击；二是保证足够生产投入来对产品质量进行控制。而实行产品认证后，一方面通过在产品包装上注明无公害蔬菜标志，就能提高消费者对无公害蔬菜的识别能力，从而使 P_c 接近于 P_a；另一方面，实行无公害蔬菜产品认证后，生产者必须按照一定的生产操作规范对无公害蔬菜的营养安全质量进行全面控制，使各种重金属污染物、农药残留、硝酸盐含量符合我国有关无公害蔬菜的标准。所以说，产品认证的实行将有利于无公害蔬菜的产销形成良性循环关系。

实行产品认证增强了生产者质量控制的主动性和消费者对无公害蔬菜的识别能力，进而提高了无公害蔬菜的市场价格，增加了生产者的收入和消费者的效用，从而形成了良性产销循环。

（三）无公害蔬菜认证：能够有效建立自我质量的内在控制机制

虽然无公害蔬菜在消费者心目中占有很高的地位，但由于市场信息的不对称性，消费者很难从外观上区分无公害蔬菜与普通蔬菜，必须借助于产品质量监督部门的控制和监督。而我国众多的菜商和菜农的规模都较小，要对蔬菜市场进行严格的调控和监测，成本很高，难度也很大。而无公害蔬菜的认证程序化则要求厂商必须严格按照一定的生产操作规范自动对产品质量进行控制，建立内控机制，否则就必须对庞大的产品认证费用付出沉重代价。根据我国《无公害农产品管理办法》，申请无公害蔬菜认证的单位和个人必须有一定的规模和实力，这就使生产者必须对产品的安全质量进行自动控制，因为一旦发生质量安全问题必将对其产生巨大的损失。由此，产品认证减少了一些菜农为了追求短期利益而产生的短期行为，如暗施禁用或限用的化学农药。加之无公害蔬菜产品认证对生产单位的规模有比较严格的要求，即准入门槛限制，这就使企业必须为其资产和认证费用的付出而制定长期的发展计划，从而有利于产品质量保障。

产品认证的严格规范保障了产品的安全质量。我国无公害蔬菜标志认证一般包括两部分内容，即产地认定和产品认证。在产地认定中，要求其大气质量环境、土壤质量环境、水体质量环境都要符合有关标准；在产品认证中，则要求无公害蔬菜产品安全质量及其控制措施必须符合国家和地方的有关标准。在认证过程中，必须要通过具有一定资质证明的专门检测机构和专业检测人员对无公害蔬菜的产地环境和产品质量进行的检测。因此，无公害蔬菜认证标志着对整个生产环境和生产过程的控制，摆脱了传统市场质量监督抽查的低效。

产品认证能够起到自动控制作用。实行产品标准化认证以后，可以改变质量监测部门对产品监测进行全面撒网的被动局面，转而向获得产品认证的生产单位进行定期抽检，以大大提高监测效率和减少监测成本。根据我国无公害农产品管理办法，获得无公害蔬菜产品认证并加贴标志的产品中，凡经检查、检测、鉴定不符合无公害蔬菜质量标准要求的，由县级以上农业行政主管部门或各地质量监督检验检疫部门责令停止使用无公害蔬菜标志，并由认证机构暂停或撤销认证证书。严格的认证制度可以激发生产单位内控机制的形成，因为一旦无公害蔬菜标志被停用，生产者将可能直接失去其以前积累的市场份额。所以，企业自动控制机制的形成可以使质量监督部门的检验与监测成本得以大大节约。

四、优化蔬菜产业发展的区域布局，提高规模效益

区域化布局、专业化生产、产业化经营是农业现代化的重要标志之一。在优势产区发展主导产品，能够最大限度地优化资源配置、挖掘资源潜力，释放和形成新的生产力。在优势产区相对集中投入，加强农业基础设施建设，提高农业生产和管理水平，可以促进优势产区率先基本实现农业现代化。通过优势产区的示范和带动，加快全国农业现代化的进程，是在我国现有国情和土地经营制度基础上推进农业现代化的有效途径。蔬菜是比较讲究规模效益的产业，大力开展规模化和专业化生产，既有利于新鲜蔬菜的市场流通，也有利于产后加工。为此，必须把优化蔬菜业发展布局作为提高蔬菜业效益的重要措施来抓，对不同栽培设施、不同类型、不同品种的蔬菜应重点抓好

规模化和专业化生产。

（一）城市化和工业化的不断推进推动了中国蔬菜产地格局的变化

根据经济圈理论，城市周围的生产带形状一般是以中心城市呈环梯形的带状分布，即城市商品生产的发达程度与其中心市场的距离成反比。蔬菜产地整体格局的状况与城市化、工业化以及经济发展水平关系紧密。在我国蔬菜商品生产还不发达的条件下，蔬菜生产的主要基地都围绕在大、中城市附近。随着城市化和工业化的不断发展，在大城市近郊，农业用地总是面临着不断被工业和城市建设所挤占的压力，而且在与工商业用地的竞争中，农业总是处于劣势，随着耕地面积的不断减少，蔬菜用地也日渐衰退。同时，农业劳动力的机会成本在工业化和城市化的进程中也在不断上升，这就很难保证蔬菜生产需要的劳动力。因此，随着经济的发展，土地和劳动力的机会成本不断上升，大城市蔬菜产地的竞争力正逐步丧失，而远隔产地的蔬菜生产将日益壮大，先是向城郊郊县不断发展，然后进一步向农区发展，建立蔬菜生产基地。这也是蔬菜产地格局调整的主要趋势。

新中国成立以来，我国蔬菜产地的区域布局变化表现出了明显的阶段性：

第一阶段是1984年以前。蔬菜基地主要分布在大中城市郊区，农区只有少量的自食菜地和季节性菜地，基本上属于半封闭状态的自给自足生产形式。

第二阶段是20世纪80年代中期到90年代初。社会经济的迅速发展，对商品蔬菜生产布局的调整提出了要求，而蔬菜体制改革为商品菜生产布局的调整提供了重要条件。随着蔬菜产销体制变革，逐步形成了五大片农区商品菜生产基地（南菜北运基地、黄淮早春菜基地、西菜东调基地、冀鲁豫秋菜基地和京北夏秋淡季菜基地）。商品菜生产布局呈现出两方面的变化：其一是由大中城市郊区向远郊区延伸扩展，其二是由城市郊区（包括近郊远郊）向广大农区延伸扩展。逐步形成了城市近郊远郊结合和城市郊区与农区结合的多层次多流向的网状生产布局。

第三阶段是20世纪90年代至20世纪末。由于城市建设与农业生产在资源利用上存在着互竞关系，大城市劳动力价格不断升高以及广大农区种植结构的调整，全国蔬菜生产的区域布局发生了很大变化，蔬菜的供应格局从以农区为辅变为以农区为主，农区蔬菜的播种面积约占全国的80%。全国蔬菜产区更加集中，蔬菜大县不断增加，蔬菜播种面积在6 667公顷以上的县由1990年的163个，发展到1998年的559个，2001年的850个。

第四个阶段是21世纪。进入21世纪以后，作为参与国际农产品竞争的主要农业领域，蔬菜产业在新一轮农业结构调整中已经受到普遍关注，在增加农民就业和收入方面将发挥不可替代的作用，在实现产业化经营方面有着广阔的发展空间。农民将逐渐摆脱家庭小菜园式的生产方式，走规模化、专业化、区域化生产的路子。

（二）发挥地区比较优势是中国蔬菜生产合理布局的重要原则

比较优势原则的经济学实质是主张生产地域合理分工。区域的合理分工有利于地区资源的优势发挥和基础设施的充分利用，根据要素禀赋和资源特征，立足于比较优势的发挥，充分挖掘各地区的农业增长潜力。在努力提高区域发展水平的基础上实现全国农业整体水平的增长，是中国农业发展策略的基本出发点和主要取向。

山西、内蒙古、吉林、黑龙江是我国土地禀赋比较丰裕的地区，例如东北地区是我国玉米、大豆的主产区，内蒙古是我国小麦生产比较有优势的省份。这些省份在农业生产过程中不断地根据地区优势调整种植业结构，发挥地区比较优势，这正是这些地区蔬菜生产的规模比较优势指数不断下降的原因。

闽东南属亚热带湿润气候，冬季可种洋葱、菜花、甘蓝、芹菜、韭菜；粤西、海南地区冬季无霜，冬季露地除可种菜花、芹菜等之外，还可种果类青椒、西红柿及瓜类菜黄瓜等；商品菜可在十一月至翌年四月流向北方各地；广西冬季可种植芹菜、蒜薹、甘蓝、菜豆等；四川盆地气候温和、雨量充足、土地肥沃，冬季适宜种植芹菜、葛苗、菜花、青菜头、韭菜、菠菜等；云南四季如春，从十月到次年五月可以有西红柿、黄瓜、茄子、菜豆、辣椒、洋葱等多种蔬菜上市；这些地区是我国主要的"南菜北运"商品菜生产基地。

位于黄河、淮河之间的江苏、安徽、山东、河南四省，属于北亚热带和南温带气候，在春季，这里可种植芹菜、菠菜、黄瓜、茄子、韭菜、大葱、蒜苗、生姜等蔬菜，能有效地补充北方大中城市二至五月春淡季市场供应，四省交通运输发达，是我国黄淮早春菜基地。

河北、山东、河南是我国大白菜主产区，大白菜品质好，生产比较稳定，是我国的秋菜基地。

北京市利用特有气候生态区建立相应的蔬菜供应基地，先在远郊延庆建立了青椒生产基地，后又向张家口经济区、晋北大同市延伸。这些地区夏季气候比较清凉，适宜种植青椒、黄瓜、西红柿、豆角、甘蓝、洋葱、马铃薯等蔬菜，是我国的京北夏秋淡季菜基地。

上述地区在蔬菜生产方面具有气候、交通、技术等方面的优势，蔬菜的生产规模一直呈现不断扩大的趋势，这也是其蔬菜生产的规模比较优势指数不断增大的原因。

根据农业部统一规划，今后我国蔬菜生产将继续调整布局，优化结构，丰富品种，提高质量。全国蔬菜播种面积要稳定在两亿亩左右，控制露地菜面积，扩大设施栽培和反季节蔬菜面积。巩固提高南菜北运、西菜东调、黄淮早春菜、冀鲁豫秋菜和京北淡季菜商品基地。重点增加花色品种，大力发展无公害蔬菜和食用菌生产，提高蔬菜质量，增强国内市场均衡供应能力。城市郊区的菜地要提高设施化栽培的水平，增强抵御自然灾害的快速反应能力；农区蔬菜要优化品种布局提高规模化、专业化、集约化的生产能力；沿海地区要瞄准港、澳、台地区和国际市场，发展区位、经济、技术和劳动力资源优势，积极开拓国际蔬菜市场。

五、在建立市场信息网络的基础上，多元化开拓蔬菜销售渠道

现在是信息经济时代，面对蔬菜业"大生产、大市场、大流通"的格局，尤其是针对蔬菜市场价格波动大、市场行情瞬息万变的客观现实，想要掌握发展的主动权，必须加快建立市场信息网络。笔者建议，建立蔬菜市场信息网络中心。蔬菜市场信息网络中心，应该由以下几部分构成，即信息传输体系、预测预报信息体系、专家系统和科技信息体系。依靠信息传输体系，可实现全国各大中型蔬菜生产基地、批发市场之间以及与国内外蔬菜市场的联网，及时准确了解国内外的市场信息，及时提供有关生产、市场、供货信息，以帮助各蔬菜批发市场制定指导性价格并明确判断市场供求关系；依靠预测预报信息体系，可以研究蔬菜产销发展趋势和开展主要蔬菜品种产销形势的预测预报，为各地制定指导性计划提供科学依据；依靠专家系统和科技信息体系，可以及时向生产、加工、流通等各个环节提供科技信息，并由专家对蔬菜生产经营过程中遇到的问题提供指导性意见。通过建立蔬菜信息网络体系，可以增强和完善市场功能，增强抵御市场风险的能力，牢牢把握发展的主动权。在此基础上，要加大市场营销力度，开拓新的多元化蔬菜销售市场。面对国内外竞争日益激烈的市场形势，尤其是伴随主销区蔬菜自供能力的不断提高，我国开拓新的蔬菜销售市场的任务非常艰巨。笔者认为，市场开拓应该坚持有所为、有所不为，对属于名牌产品、特色产品、精细产品的鲜菜（包括简单商品化处理的鲜菜）要进一步提高国内市场的占有率，以国内外大中城市为重点，积极开展新产品的展销促销活动，在巩固传统销售市场的同时，加快开拓新市场；对蔬菜加工品要注重开拓多元化的国际市场，出口加工企业要树立长期应对国际壁垒的意识，建立完善出口快速反应和预警机制，以改变目前出口过于集中日本等少数国家、动辄受绿色壁垒制约而带来的风险。

为适应开拓新的营销市场的需要，对鲜菜产品要强化产后的商品化处理。要根据市场需要，以提高产品附加值为目标，研制采后处理措施，研制相应的包装材料和包装方式，制定出主要蔬菜产品质量标准，广泛开展加工、运销技术研究。通过研究与开发，提高产品加工和贮运质量，以此提高产品附加值和市场竞争力。尤其是应该大力实施"净菜进超市"工程，充分利用我国劳动力资源丰富的优势，对鲜菜进行产后商品化处理，推动鲜菜分级、清洗、包装、预冷后直接进入超市。要大力提倡净菜上市、包装上市、分级上市、套菜上市，一方面能够方便市民生活，减少城市垃圾，提升蔬菜价格；另一方面能大量消化、安置农村剩余劳动力。

　　在国内市场的运销组织方面，要以发展壮大农民运销队伍为突破口，推进流通体系建设。加强农民运销队伍建设，一可实现流通增值，二可保障产销衔接，三可解决劳动力就业，可谓一举多得。政府在这方面要进一步制定鼓励和扶持政策，帮助运销专业户解决当地、途中及销地的障碍和壁垒，提供必要的信息服务，构筑一个宽松的发展环境。

六、依靠科技进步和提高劳动者素质促进蔬菜产业发展

　　蔬菜是科技密集型和劳动力密集型产业，要加快培植蔬菜业，把蔬菜业作为国民经济的主导产业，首先必须加大对蔬菜科技创新的投入。此外，提高蔬菜产品质量也依赖于科技进步。为此，建议围绕蔬菜的产、加、销各环节抓紧组建若干高水平的蔬菜产业研发中心，重点研究蔬菜新品种的培育、蔬菜生物技术的开发应用、工厂化育苗、设施栽培新技术以及蔬菜加工新品种的开发。依托研发中心，为蔬菜产业的发展提供技术支撑，并发挥超前导向作用。如何让菜农掌握更多的技术对蔬菜产业的发展至关重要。据测算，如果将目前已掌握的常规技术组装配套并能让80%的菜农应用到位，我国的蔬菜单产可提高30%～40%，效益可增加20%～30%。为此，必须采取切实有效措施来提高菜农的科技素质。在这方面，笔者认为应重点抓好以下几方面的工作：一是要建立健全蔬菜技术推广体系，做好技术服务；二是要积极支持各地组织农民成立蔬菜专业协会；三是要加大科技培训的力度，分层次做好蔬菜技术推广员、农民技术员、科技带头户和广大农民的定期培训，尤其是应抓好农民技术员和带头户的培训，推广绿色证书制度，通过农民技术员和带头户的典型示范带动作用，提高广大菜农的科技意识、商品意识和技术水平；四是农业主管部门要组织好蔬菜科普书籍的编写、出版，尤其是组织编写各种蔬菜不同栽培方式的技术规范向菜农普及，以加快实现蔬菜生产的规范化和标准化。

第二节 中国蔬菜产业发展未来走向

一、我国蔬菜产业的发展趋势和思路

据目前的相关数据显示，我国已经成为世界上蔬菜播种面积最大、产量最多的国家，人均占有量、消费量均居于世界领先水平。从结构来看，普通蔬菜产需已基本平衡，大宗蔬菜出现了季节性、区域性的过剩，价格下跌、效益下降，而一些稀有品种仍然供不应求、效益良好。因此全国的蔬菜生产与未来发展必须依靠增加科技含量、优化生产布局和结构调整，提高单产和质量，增加品种等措施，满足内销和外销的需要。

具体而言，国内的蔬菜市场存在着三个方面的特点。其一是对反季节超时令蔬菜的需求量持续增长。据统计，1980 年全国反季节、超时令蔬菜总产量仅 20 余万吨，2000 年已经增加到 5 820 多万吨，约占当年蔬菜产量的 17%；1980 年全国人均反季节蔬菜占有量仅 0.2 kg，2000 年增加到 44.9 kg，增长了 223.5 倍。但是，在市场份额中，无公害蔬菜占有量却不足 0.5%，可见无公害蔬菜的市场前景非常广阔。其二是市场需求由大宗菜转向多样化和特需化。市场对蔬菜的需求，已由大宗应时菜转向反季节、超时令、稀有、野生等蔬菜类型。其三是蔬菜的供求关系已经由卖方市场转向买方市场。人们对蔬菜质量要求更高，由一般化转向优质化、营养化、无害化。从世界市场来看，我国的外销市场主要是日本、韩国、东南亚、俄罗斯以及我国的香港特区。随着这些国家和地区的人们对环境意识和崇尚自然的心理的加强以及生活水平的提高，对无公害蔬菜的需求量也将越来越大，市场前景极为广阔。

但是，不论是从国内来看，还是从世界来说，限制我国蔬菜发展的重要原因在于蔬菜质量和科技水平。因此，结合世界蔬菜产业发达国家的发展经验，考虑到社会经济水平提高，人们观念意识的增强和可持续发展观的日渐成熟，我国未来的蔬菜产业将会朝着以下几个方面演进。

第一，蔬菜栽培种植趋向环保科技型。近年来，人们的绿色消费观念日趋成熟，对蔬菜需求出现多样化、高档化、新鲜化的趋势，从而引导我国蔬菜产业的结构向天然、无污染的绿色环保型方向发展。这要求在蔬菜的生产过程中，必须使用生物农药或高效低残留化学农药，禁止使用剧毒农药；少

施化肥，多施有机肥料；在管理上加大科技含量，推广反季节栽培、无土栽培、集约化栽培以及喷灌滴灌节水等先进技术。

第二，蔬菜加工贮藏趋向营养保健、方便实用型。近几年，由于蔬菜加工和贮藏能力较低，我国不少地方蔬菜生产一度出现"菜贱伤农"的现象。因此，提高蔬菜产品的销售量和附加值，是广大菜农和经营企业面对的重要难题。目前，各地普遍采取了两种办法，一是实行净菜上市，朝着净菜小包装方向发展，即在产地对蔬菜进行整理、消毒、灭菌、分级、包装密封，然后打上商标上市；二是实行深加工和精加工。许多有条件的生产企业和大型生产基地，对蔬菜进行加工处理，制成速冻菜、真空包装保鲜菜、罐头等产品，延长蔬菜保质期以解决菜农的后顾之忧。

第三，蔬菜产销趋向出口创汇型。我国是世界上最大的蔬菜生产国和出口国，具有得天独厚的自然优势和市场竞争力。目前，我国蔬菜年出口量已达450万吨以上，蔬菜出口仍有较大潜力。对此，我国的广西、广东、山东、海南等省（自治区）已经开始陆续筹建或兴建大型无公害蔬菜出口基地，目标直指国外或境外市场。

上述发展趋势的存在，已经强烈地呼唤我国蔬菜产业转型，蔬菜产业急需升级换代。这种换代，从生产上讲，主要是向基地化、设施化、多样化、产业化发展；从供应上看，主要是向均衡化、方便化、无害化、保健化、营养化目标努力；从科技角度出发，则必须向规范化、高新化、高效化方面努力。但从整体分析，蔬菜产业在今后的发展过程中，其基本思路是"一、二、三、四"，即"围绕一个中心，抓住两个突破，建立三个体系，促使'四化'实现"。亦即"以效益为中心，突破性发展外向型蔬菜和无公害蔬菜，努力建立科技支撑体系、质量标准支撑体系、市场支撑体系，最终促使蔬菜生产的市场化、区域化、优质化、一体化的实现"。

市场化就是要建设市场基础设施，研究市场趋势，以市场为导向来安排生产。主要有三个内容。一是要建立市场体系和信息网络体系，加大产地批发市场的建设力度，要通过信息网络及时反馈各地市场的批发价格和主要产地的蔬菜生产状况，沟通、衔接蔬菜产销。二是要求生产者提高市场意识，要进行市场预测，研究消费，必须改变以前不搞市场调研、不顾市场前景，盲目扩大生产规模的做法；要根据消费者需求向多元化、多样化、营养化和保健化发展的趋势，及时调整生产布局和品种结构，发展适销对路的产品。三是积极发展农民自己的产销合作组织，抓好产品的产销衔接工作，有条件的地方要积极发展"订单农业"。

区域化就是要使蔬菜实行区域化种植。区域化种植是形成合理的蔬菜生产规模和获得高质量蔬菜产品的关键,这也是世界各国农业发展的成功经验。根据国内外的需要,搞好蔬菜的沿边、沿江、沿路(主要高速公路、铁路)的发展规划;继续稳定五大蔬菜基地;城市郊区的蔬菜基地要不断提高设施化栽培水平,提高抗御自然灾害的快速反应能力。具有较高经济水平的大城市可以借鉴北京、上海、深圳正在实施的城郊农业、都市农业的经验,把蔬菜生产与新的生物技术革命、现代农业展示、旅游观光农业结合起来,提高蔬菜生产的竞争力。

优质化就是要求生产者要十分重视产品质量。今后蔬菜产品要拥有自己的商标和品牌,牢固树立品牌意识,通过品牌效应去占领市场,扩大市场份额。具体而言,就是要发展名特优稀的蔬菜品种,积极开发无污染的山野菜和无公害蔬菜,严格按照无公害蔬菜生产技术规程,做好无公害蔬菜的生产工作和技术指导工作。同时,加大宣传力度,提高生产环节和消费环节的无公害意识,引导各地以农业产业化经营为纽带,逐步创立无公害蔬菜产品品牌,树立品牌意识,提高无公害蔬菜的知名度和市场竞争力,把无公害蔬菜的生产与销售工作和净菜上市,品牌农业、标牌上市等结合起来,使其成为蔬菜生产中新的增长点和结构调整的重要内容。

一体化就是要积极发展多种形式的龙头企业,特别是农民自己的合作经济组织,实行产销一体化。农业产业化是一个很好的经营模式,在蔬菜生产领域,它能够带动农户的小规模生产,增强农民的质量意识,提高产品的档次和规模,使千家万户的生产与千变万化的市场能够较好的连接,让农民更多地体现生产过程所创造价值和获得流通环节的增值。

二、无公害蔬菜:蔬菜产业化发展的必然选择

借鉴其他行业发展的成功经验,在蔬菜产业的发展上,选择培育市场广阔的主导产品将成为产业发展能否取得成功的重要一环。主导产品选择恰当与否,不仅仅是关系企业自身发展的问题,而且还关系到整个地区、整个产业能否健康发展。主导产品的选择与开发,一定要以市场需求为导向,要有超前意识。从现实来看,随着国民经济的发展和居民生活水平的提高,食品消费已由温饱型向质量型转变。蔬菜作为生活的必需品,人们对其要求也已经从单纯的品种丰富,质优价廉过渡到更加注重营养丰富,注重无污染、无公害和清洁卫生。可以说,蔬菜安全问题已经成为人们普遍关注的热点。而发展无公害蔬菜和绿色蔬菜符合人类追求健康长寿和与大自然和谐共存的世界潮流。从食品业发展趋势看,无污染、无公害的绿色食品将成为世界食品贸易的主流。美、日、欧盟各国,绿色食品的贸易量每年都在以20%的份额

增长。据有关专家预测，到 2010 年绿色食品的世界贸易额将达到 1 000 亿美元。随着我国加入世界贸易组织，农产品世界贸易必将成为未来发展的主流。同时随着世界经济一体化及贸易自由化的发展，各国在降低关税的同时，与技术贸易相关的非贸易壁垒日趋森严，食品的生产方式，技术标准等延伸扩展性附加条件对农产品世界贸易将产生重要的影响，而发展绿色食品正是冲破技术壁垒的一项重要手段。

种种迹象已经表明，在国内外市场上，绿色食品是畅销产品，开发绿色产品已经成为市场发展的必然趋势。中国的绿色产品市场，目前还处在开发期，蕴含着无限生机和活力。因此，谁抓住了绿色产品，谁就抓住了 21 世纪的国内外市场。针对蔬菜产业化来说，发展无公害蔬菜和绿色蔬菜是扩大市场份额和实现出口创汇的必然选择，是我国实现内外贸一体化的重要方式。而我国目前蔬菜供给相对过剩，给消费者提供了可挑选的空间，这就为无公害蔬菜的发展创造了前提条件。此外，消费者消费水平和保健意识的提高也使优质无公害蔬菜的生产具有了良好的社会环境氛围，而农业科技进步和大量新型高效低残留农药、生物肥料、生物农药以及抗病虫害蔬菜品种的不断出现，则为无公害蔬菜的发展提供了强大的技术支持力。可以说，发展无公害蔬菜，是我国蔬菜产业未来走向的必然趋势。

（一）我国无公害蔬菜研究与生产现状

我国无公害蔬菜的研究和生产始于 1982 年。经过十几年的发展，已探索出一套综合防治病虫害、减少农药污染的无公害蔬菜生产技术，取得了一批既有一定理论深度又有广泛实用性的研究成果。

（1）初步研究了各种有毒物质在蔬菜中的残留高限值，制订了无公害蔬菜品质的相关标准。

（2）研制开发了一批高效、无毒生物农药，总结出一套以生物防治为重点的蔬菜病虫害综合防治技术。

（3）初步探索出治理菜田土壤重金属污染的办法，使蔬菜中的重金属污染问题能够有效的得以解决。

（4）对蔬菜中的硝酸盐污染问题进行了系统研究，硝酸盐污染得到有效控制。

（二）我国无公害蔬菜的发展策略

1.加强对无公害蔬菜生产的行政、组织与协调工作，建立和完善产前、产中、产后一条龙服务体系

强有力的组织领导，加上优质的产、供、销一体化服务，是我国无公

害蔬菜生产健康、持续、稳定发展的根本保证。建议在全国各大、中城市设立两类机构，即无公害蔬菜领导机构和无公害蔬菜服务机构。前者成员由市（区）乡（镇）蔬菜办的主要领导组成，其主要职能是负责所在市（区）、乡（镇）范围内无公害蔬菜发展的有关政策制定、战略规划和组织协调工作，并以行政的手段约束菜农的某些技术不当行为。例如，上海宝山区大场镇政府曾印发上千份"安全使用农药责任书"，与农户逐一签约。要求农户坚决不在菜地使用化学农药，对现有农药封存，万一发生中毒事故农户要承担赔偿责任。后者成员由市（区）乡（镇）蔬菜技术推广部门的业务技术骨干组成，其主要职能是：产前进行无公害蔬菜生产基地的环境监测，提供高抗病虫害的蔬菜优质种子、高效无毒生物农药等生产资料；产中组织无公害蔬菜生产技术培训与技术咨询；产后提供无公害蔬菜产品的质量检测，提供销售信息，疏通销售渠道。

2. 强化科研投入，增加科研力量，加强与无公害蔬菜有关的基础理论和开发技术研究

虽然我国在无公害蔬菜方面做了大量的研究工作，并取得了长足的进展，但与无公害蔬菜研究工作做得较好的美国、日本、荷兰等发达国家相比，差距较远。其中一个重要的原因是科研投入不够，科研力量薄弱。无公害蔬菜作为一项与国民的日常生活和身体健康息息相关的跨世纪工程，国家应下大力气强化科研投入，充实科研力量。建议设立国家无公害蔬菜工程专项研究基金，成立国家无公害蔬菜工程技术研究协作小组，从财力、人力上给予重点扶持。

3. 建立一套规范化的无公害蔬菜生产技术体系

无公害蔬菜的生产需要一套规范化的技术体系（或规程）加以指导。无公害蔬菜生产的技术体系，主要应把握以下三个环节。其一是生产基地选址关。首先对无公害生产基地进行生态环境本底状况调查，在对大气、水质、土壤等主要环境因素进行多种污染项目检测的基础上，选择诸环境要素综合指标较好的地域作为试验基地。例如，研究表明，镉、砷、铅三种重金属在蔬菜土壤中的临界浓度分别为 0.2 mg/kg，100 mg/kg，100 ～ 200 mg/kg，选择无公害蔬菜生产基地时，就应以此为标准。其二是种植过程的无害化关。采取控制农药、化肥、生物和重金属污染的综合技术病虫害的蔬菜优良品种；采取施有机肥为主、化肥为辅，化肥中又以氮、磷、钾平衡配方的施肥技术等等，均可达到这一效果。其三是蔬菜残留毒物检测关。在蔬菜上市前，由质量检测部门对蔬菜中重金属、化学农药、化学肥料等有毒物质残留状况进行全面检测，保证产品的各项指标符合国内的食品卫生标准或相应地区的有

关标准。

近年来，随着我国改革开放政策的日趋拓宽，人们生活水平的不断提高，加上开放城市港口对"特需"高档蔬菜的需要量激增，蔬菜无土栽培提到重要的议事日程上来。目前已有二十多个省、市开始了蔬菜的无土栽培与生产。北京、上海、南京等大城市还先后引进了荷兰、以色列等国生产的智能型温室，进行蔬菜的高度集约化、智能化生产。但外国的智能型温室造价高、一次投资大，不宜大面积推广。所以，应根据我国国情，设计研制出造价低、一次性投资小的简易无土栽培装置，并开发出廉价无土栽培营养液配方，在各大中城市郊区蔬菜基地进行适度规模的应用，为我国的无公害蔬菜发展添砖加瓦。我国地域辽阔，野菜资源丰富。据报道，我国目前栽培蔬菜仅 160 多种，而可食用的野生蔬菜达 600 余种。野生蔬菜是相对栽培蔬菜而言的，绝大多数野菜生长在空气洁净、光照充足的自然环境里，不受废气、废水、粉尘以及化肥、农药等有害物质的污染，因而被誉为"绿色食品""天然食品""天然无公害蔬菜"等。因此，大力开发现有的野生蔬菜资源，不失为我国无公害蔬菜发展之良策。

第三节 中国蔬菜产业"走出去"问题的战略思考

中国蔬菜产业发展的未来走向为我们提供了未来蔬菜产业发展的制度与技术选择，经济转型的制度背景为我国蔬菜产业的发展提供了战略框架，对世贸组织规则的分析则为蔬菜产业发展提供了思路对策。本节立足于当前方兴未艾的"走出去"战略，将蔬菜产业发展的战略框架具体化，对市场化与国际化进程中的中国蔬菜产业"走出去"问题的意义、障碍与对策进行专项研究。

一、我国蔬菜产业"走出去"的重大意义

（一）蔬菜产业"走出去"是我国借助于自身优势，充分利用世界市场以加快我国农业结构调整的重要行动之一

在我国加入 WTO 的历程中，讨论最多的问题就是农业优势何在。通过分析，我国农业作为一种劳动密集型产业，其产品输出具有优势，在世界市场上有一定的竞争力，能够取得世界市场份额。蔬菜产业属于农业，因此也具有相应的优势。利用蔬菜产业的自身优势占领世界市场，对农业出口和国内的农业结构调整，都是一个必要的选择。因为蔬菜产品的输出，带动的不

仅仅是产品本身，还有与蔬菜产品生产过程相关联的其他生产要素，如附加在蔬菜产品上的活劳动（即劳动力），消耗在生产过程中的种子、农药、化肥等农业生产资料，通过加工而形成的蔬菜加工产品则带动的是加工设备及其制造业等。而如果运用资本输出方式所建立的海外蔬菜生产基地，还会显示出更多的关联效应，如劳动力的直接输出、生产设备的直接出口、后续部分的东方饮食文化的境外传播等等。由此可见，蔬菜产业的"走出去"具有极为丰富的内涵，在农业与农村发展上也具有深远的意义。

（二）加速推进蔬菜产业"走出去"战略实施，运用多元化的"走出去"方式，对有效扩大农业对外贸易成果具有积极意义

推进蔬菜产业"走出去"战略的实施，可以有多种方式，如产品的输出、相关设备与资本的输出、技术与劳务人员的输出等。在这些不同的"走出去"方式中，能够有效扩大境外规模和有利于创汇的输出方式，便是一种比较好的选择。从目前来看，相对具有提倡价值的"走出去"方式是在境外投资设立蔬菜产业的生产与开发基地。这种方式能够近距离地进入世界市场和周边市场，从而缩短运距、降低成本，同时还能够避免相关的绿色壁垒。虽然在全球经济一体化的状态下，各国之间的经济发展日益联系紧密，但是为了能够有效保护本国或本地区的利益，各国又都启动了技术壁垒措施，以减少对其自身经济的冲击。

技术性贸易壁垒的主要防护是国外产品，通过复杂的准入标准和检验制度对国外产品进行合理抵制。而当生产者相同而产品产地及其技术运用不同时，则这种壁垒可能会被有效地予以规避。从理论上讲，技术壁垒应该具有广泛的适应性，即对所有具有贸易关系的国家都会采取同一的标准。但是从目前实践来看，运用技术壁垒措施的国家却往往具有一定的针对性。即对于自己有所怀疑和对于自己国内产生较大冲击的国家或地区，往往采取更为严格的约束措施。由此，运用资本输出方式到境外投资建立蔬菜生产基地，利用相关国家或地区丰富的土地资源，借助于我国自身的劳动优势和种植技术则可以较为顺利地进入到相关地方的市场之中。

例如，为探讨海外建蔬菜基地的可行性，我们曾派专家对位于加勒比海西北部的岛国牙买加进行了全面考察。考察发现，该国农业自然条件良好，适合中国蔬菜诸多品种的周年种植生产，比华南大部分地区更具优势。而该国生产技术落后，当地生产蔬菜品种结构单调，质量差且数量有限，进口蔬菜受关税限制而价格十分昂贵。有一些华人血统的商人瞄准了中国蔬菜在牙国的商机，尝试在当地种植中国蔬菜。据测算其生产成本比深圳略

高 10%～20%，而配送给大型超市与餐馆的价格不菲，如菜心、芥蓝、苦瓜、豆角和茄子每千克 143 牙元，折合 2.38 美元；樱桃番茄、青椒、红椒每千克 220 牙元，折合 3.66 美元，相当于深圳同类产品配送价的 15 倍以上。当地华人又苦于缺乏技术，正探讨从中国引进熟练菜农。后者工作满三年，可获劳务净收入 10 万元人民币左右。可以看出，海外蔬菜基地建设为有效地解决农民增收问题提供了新途径。牙国政府大力支持投资农业，现有的政策法规也有利于发展蔬菜生产，政府还为此专门为中国菜农批出劳务指标。若以公司为主体建设基地，则可分享生产的市场利润，又可将蔬菜产品出口到美加等国。

我们考察的例子还有斐济。斐济正处于农业结构调整之中，也非常希望中国公司参与其蔬菜等各类农产品的生产与加工。在欧盟、美国建蔬菜基地的市场空间也十分诱人，但因劳工指标的限制，在上述国家建蔬菜基地的可行性大打折扣。

（三）蔬菜产业"走出去"是在较广的空间和较大的领域里实现我国产业结构调整的重要措施之一

20 世纪 90 年代末以来，通过不懈努力，我国农业发展实现了质的突破，进入了新的发展阶段。要想促使农业在新阶段上的新发展，就必须实现农业对新环境的适应，而农业结构的战略性调整是农业适应新环境，实现农业发展跨上新台阶的重要举措。从整体和广义的层面看，产业结构调整不仅需要产业内涵（细分了的行业以及丰富的产品种类），而且需要地域内涵（广阔的地域空间），只有这样，才能促使农业结构的精细化，积聚结构能量，实现结构效益。产业结构既包括资源（资金、劳动力、土地等）在各个产业（行业）之间的配置，也包括由各个产业的产出水平所组成起来的一种比例关系。因此，产业结构的合理程度直接受制于对资源可支配的空间范围。如果空间范围大，则意味着资源在各产业间实现最佳配置的可能性大；否则，可能性就小。目前我国农业结构状态不太合理，较低的市场和资源利用能力，其中最主要的原因之一就是对世界市场的开发利用程度偏低，亦即对世界资源（自然资源、经济资源等）的利用和能够纳入配置范围的能力较低，直接影响农民的收入增长。加入 WTO 使我们不得不觉醒起来，将世界资源纳入自己的开发视野之中。与此同时，蔬菜产业是农业结构调整过程中的主要成分，也是对农民收入贡献相对较大的产业之一。利用世界资源发展蔬菜产业，加大蔬菜产业"走出去"的力度，便成为有效促使农业和农村产业结构走向合理化的重要举措。

二、加快我国蔬菜产业"走出去"战略实施的基本对策

（一）切实树立蔬菜产业是农业"走出去"之中的重要领域的观念，努力做好蔬菜产业"走出去"工作，这对扩大我国农业对外贸易成果具有重要意义

农业"走出去"事实上是农产品及农业生产资料对外贸易中的一个非常重要的领域，是我国在加入 WTO 后和适应全球经济一体化的必然选择，也是在我国农业发展进入新阶段后利用世界市场来扩大农业结构调整与发展空间的必须环节。虽然我国农业的对外贸易已经成为国民经济的重要组成部分，蔬菜产业的"走出去"也已有时日，但是在新的形势下，尤其是在我国农业资源日渐稀缺，国内市场空间日趋狭小，国内外市场走向高度融合的情况下，作为劳动密集型行业的蔬菜产业，使得我国具有了参与世界竞争的相对优势。同时，又由于蔬菜产业的整体商品化程度较高，能够也易于走向产业化轨道，发展蔬菜产业对农民收入的增长具有较大的贡献。所以，树立蔬菜产业"走出去"观念和大力推进"走出去"工作，不仅对扩大我国的农业贸易和增加农业的外汇贡献意义巨大，而且对微观主体的农民收入增加、对带动农村社会经济的发展，也具有重要作用。同时，解决观念认识问题，有利于从战略的角度和在较高的层次上把握蔬菜产业"走出去"，科学制定相关政策，建立合理的"走出去"格局。否则蔬菜难以做大产业"走出去"的市场蛋糕，丧失相关的发展机遇，并由于国（境）外蔬菜生产者的进入和对国内市场的挤压而造成农业和农村发展空间更趋狭窄。因此，将蔬菜产业这个具有相对优势的农业生产行业置于农业"走出去"中的重要领域，将对提升我国农业"走出去"的层次和丰富"走出去"的内涵，不断扩大农业"走出去"的成果，具有重要意义。

（二）采取不同形式，大力推进多元化的"走出去"

基于"走出去"是面对复杂的国际市场而开展的一种积极而主动的竞争过程，是国内主体参与国际竞争，并致力于带动国内产品及相关要素出口的一种行为，因此，在保持终极目标（占领国际市场、提高市场份额、增加外汇盈余）一致性的基础上，在对"走出去"过程的探讨上，可以采取最大限度地灵活性。针对不同地区、不同对象和不同目标，以不同形式来全面展开"走出去"工作。尤其是在具有明显差异的目标市场情况下，更应该以最具有效率的"走出去"方式，来扩大"走出去"的成果。如近距离的周边国家，可以将基地置放在国内。因为周边国家除了俄罗斯外，大多土地资源稀

缺，与我国存在一定的"互竞关系"。对于运输距离比较远且土地资源相对丰富的国家，如南美国家或地区，就可以考虑采取基地外移的方式，利用直接投资和资本输出，将蔬菜基地建立在对方国家，以缩短运输距离。这些国家由于收入相对较高，有着相对较好的需求市场。同时，他们与经济发达的北美地区距离较近，能够较为容易地将蔬菜产品输出到该地区，同时还可以最大限度地避免可能出现的技术壁垒。此外，对于蔬菜产品的加工转化，应该在提高加工质量和加工层次上，以及产品种类的增加和多变上，给予足够的重视和投资，如蔬菜的保鲜技术、营养保存技术（脱水）、半成品加工技术等等，这些方面也可以较大程度地带动相关产业，同时还可以使得运输的距离更长一点，如干菜的运距较鲜菜来说大大延长，腌制类型的半成品或者成品蔬菜也能够适应较长的运输距离。总之，依靠技术与资本上的支撑，将蔬菜"走出去"的多元化做成产业，做成规模，做成能够对国内农村劳动力形成有效吸纳的大行业。

（三）树立企业的主体地位意识，全面推动蔬菜生产及加工贸易进军国外市场

"走出去"是一种市场行为，而市场是依据竞争实力来决定最终赢家的。在这种情况下，主体利益的明确程度和对实际市场机会的把握能力及其主动性，便成为生产者能否获得竞争胜利的关键。所以，在"走出去"的过程中，虽然政府是"走出去"政策的重要制定者，但在具体的运作上，企业的主体地位必须树立，即企业应依靠政策导向来最终决定自己的行为走向。

树立企业"走出去"的主体意识有利于企业真正的按照市场法则来运作，也同样有利于市场概念在企业市场行为中的不断强化，在与其他企业竞争时，能够处于相对的主动地位。拥有完全自主权的企业能够对市场做出最灵活的反应，同时国际市场的多变使得参与主体必须随时把握机会和相机抉择。所以，在推动蔬菜产业"走出去"问题上，要将各种不同类型的与蔬菜生产、加工、贸易等具有关联度的企业，以各种方式集结在一起，形成"走出去"大军，以增强我国蔬菜产业的竞争实力和对国际市场的把握能力，最终使得蔬菜产业"走出去"既能够"走"的主动，也能够"走"的顺畅。但是，基于我国企业所有制的特殊情况，在"走出去"政策问题上，应该以较为宽容的心态对待任何一个与蔬菜产业相关联的国内企业，按照有利于国民经济发展、有利于增加农民收入、有利于农村小康建设、有利于蔬菜产业"走出去"的规模扩大等基本原则来大力支持企业发展。尤其需要强调的是对于民营企业，对于大企业集团，对于产品科技含量较高的农业高科技企业，对于已经

初步打开世界市场的企业，在"走出去"的过程中，政府应该给予较大程度的支持。因为这种支持的"费效比"往往是显而易见的，同时这些企业是具有较大后续潜力，有利于迅速做大市场。

（四）以绿色蔬菜发展为中心，以有效规避技术壁垒为重点，强化对蔬菜产业的技术支持

"走出去"所赋予的市场性质，其中最重要最核心的就是竞争性，而竞争的实质就是科技水平的较量。面对着世界市场和与竞争对手所展开的市场抢夺，唯一能够靠得住的就是产品的科技含量。在这种情况下，科技支持力的强弱也变为能否占有市场份额和增加收入的重要解释变量。从国内来看，市场的变化（由买方市场向卖方市场）和人们对蔬菜消费的要求转移（由一般满足到营养安全），导致蔬菜产业开始走向了以无公害、绿色蔬菜和有机食品等为重要内容的质量转变，这显示了蔬菜产业内在级别的提升；从世界市场来看，以技术壁垒为主要特点的贸易保护，已经成为发达国家采取最多的一种贸易保护形式，且不说其中所存在的合理合法性，单从其愈演愈烈的发展趋势来看，就已说明了发达国家对发展中国家的技术歧视和市场准入限制。而国内外市场世界经济一体化的潮流中，人们消费理念在生态、绿色、环保、可持续等观念的推动下的变化催生了蔬菜产业需要努力与发展的新方向。从"走出去"本身来看，蔬菜产业要想达到进入对方国家市场的目的，首先就必须需要避免被对方以"卫生、环境保护"等"正当理由"拒收于其国门之外，其次在进入对象国市场后，才能讨论到价格、质量等层面上的竞争。而这两道坎，都需要科技支撑，需要依靠科学技术的力量来获得进入对方国内市场并取得竞争过程中的主动权。因此，要强化对蔬菜产业的科技支撑，通过运用多种多样的方式支持蔬菜产业的科技开发，如新品种研制、加工技术开发、检疫与检验手段改进等，让不同类型的蔬菜都能够尽量地做到"走得出"（走出我国国门）、"走得到"（走进对方国门）、"走得好"（获得竞争胜利）。

为此，有目的并且加大力度地采取对蔬菜产业的技术支持，对提升我国蔬菜产业竞争力具有非常重要的意义，也是对蔬菜产业"走出去"能够形成重大影响的一种重要措施。何况这种支持是符合WTO规则的一种正当行为，是对农业和国民经济发展所做贡献的一种后补偿。

（五）进一步调整和完善对"走出去"实施具有重要作用的相关政策，同时广泛利用多种机制，为蔬菜产业"走出去"创造更好的环境氛围

毫无疑问，农业的对外贸易历史久远，而蔬菜产业的"走出去"作为其

中的一个部分，也有着较长的历史。但是在新的背景下，以全新的理念和全新的方式所开展的蔬菜产业"走出去"工作，其时间维度却还很短暂。在过去的传统做法影响下，如果不能从新的层面来认识蔬菜产业的"走出去"，则势必会使之陷于左右掣肘的局面。如果依据传统的贸易方式来推进蔬菜产业"走出去"工作，按照过去的贸易格局和贸易政策来制定蔬菜产业的发展规划，面对时过境迁的环境背景却依然按照固定不变的模式来管理蔬菜产业的对外贸易行为，或者将简单环境下的对外贸易法规或政策作为管理企业的重要法宝等等，都是对企业行为的极大约束，也是导致企业可能丧失世界市场机会的巨大障碍。为此，从推进蔬菜产业"走出去"的角度看，或者从提升传统贸易水平、丰富农产品贸易内涵的层面看，按照新的环境和新的要求来调整已经不适应形势发展的相关政策、法规，制定和出台能够有利于我国蔬菜产业打开世界市场大门、以新的面貌出现在世界市场并有所发展的新的法规与政策，则显然是十分必要的。从现实情况来看，相关的法律与政策可能集中在资本的境外投资、蔬菜种子的对外输出、人员（尤其是劳动力输出方面）的护照与签证申办、企业所需信息（国外的市场信息、经济信息、相关法律法规等）的收集与整理、知识产权的保护、科技支持、植物检疫与检验政策等方面。对于这些所涉及的法律法规及相关政策，有些是最近制定和出台的，有些则已经具有较长的时间，但需要强调的是，针对蔬菜产业"走出去"的具体事件，这些具有普适性的法律法规及政策，可能存在一定程度的自身缺陷。因此，从蔬菜产业发展和做大"走出去"蛋糕的角度来看，从有利于蔬菜产业"走出去"层面来看，对一些不太合适的法律法规或者政策做些调整，便显得十分必要。只有这样，才能为"走出去"创造一个较好的环境气氛。与此同时，我国政府还应该努力与相关国家的政府建立更多的有利于蔬菜产业"走出去"的能够互惠互利的多种机制，如劳务输出协定、避免双重征税协定等，使国内企业有更多的潜力可以去发掘，并且能够主动地利用条件与机制，去赢得"走出去"的市场机会，获得良好的经济收益。

第七章 蔬菜生产机械化技术

第一节 蔬菜种子加工机械化技术

种子是蔬菜生产之本，在提高蔬菜产量的诸因素中，提高种子质量是最有效的办法之一，且投资少、见效快、效益高。对种子进行机械加工处理是提高质量的主要手段。从蔬菜良种繁殖基地生产出的种子只是半成品，还必须通过种子加工厂进行加工处理，才能成为优质种子。在现代化农业中，农业技术人员从生物遗传学角度培育出增产幅度大、物料品质好、抗逆性强、适应性广、性能稳定的优良品种。而农业工程技术人员则是根据品种繁多、结构复杂的蔬菜种子的物理机械特性、电特性（如重量、大小、形状、颜色、表面结构、强度等）和生物学特性（如纯度、净度、发芽率及发芽势、活力、含水率等）的相关性，研制并使用相应机具或成套设备，对半成品种子进行加工处理，做到进一步提高种子品质（如抗病害能力、发芽能力和活力），并使种子外部品质（如净度、大小等级、千粒重、含水量等指标）达到某种特定指标的规格化要求，成为最佳播种状态的商品种子。这种标准化的商品种子如同化肥、农药一样，是农业生产中重要的生产资料。

目前，我国蔬菜种子的机械化加工仅处于清精选阶段，包膜丸化加工技术尚不成熟。清精选加工是改善种子物理特性的一种方法，本质上是将劣质种子、废种子、杂质、异种作物种子等从好种子中分离出去。它的基本作业形式是一系列的分离、选择过程，每道工序都以独特的方式和顺序进行。从粗选开始，然后每进一步，选分逐渐精细，直至达到极其精细的选分。各种选分机一般都设计成用于清除某种杂质，比如分别清除长杂、短杂、重杂、轻杂、小杂、异种作物种子、杂草种子、泥土、石块等，并将种子按相对密度分成若干等级。

不同品种蔬菜种子的加工工艺路线和加工设备的选择各不相同。按带浆汁的蔬菜种果类脱子与干熟的蔬菜种株类脱子的不同，分为湿加工和干加工两类。茄果类蔬菜种子的加工技术难度最大，是湿、干加工技术相结合的典型。

一、湿加工线

工艺流程与设备配置见图 7-1 和图 7-2，它由采子机、刮板清选分离机、洗涤池、离心甩干机、烘干机、输水系统、管路附件、酸处理装置等组成，是手工操作与机械化配合的非自动连续作业。鲜果从地里采摘后运到湿加工工棚，若种果八成熟，可放置 1 ~ 2 d；若种果十成熟，可立即进入加工线。首先经采子机破碎，把果皮果肉、种子、果汁三分离。含有残余果皮果肉屑的种粒脱出物进入刮板清洗分离机上部的清洗池，使轻杂果皮果肉随水漂走，种粒和重果肉沉入水中，种粒通过按品种规格选定的筛孔，重果肉留在筛面，分离出的种粒在水流的作用下进入刮板筛筒，进一步清除种粒表皮附着的果胶。种粒流入尼龙网袋中，放到 1% 的盐酸溶液中浸泡 15 ~ 20 min 后倒入洗涤池漂洗，去掉残酸。漂洗好的种粒放入离心甩干机中甩掉种粒表面的水干度（以不黏手为宜），最后进入烘干机低温烘干，去掉种粒心水。烘干时温度要由高到低，渐趋平缓，最高温度不得超过 45℃，烘干后的种子水分应下降到 10% ~ 12%。

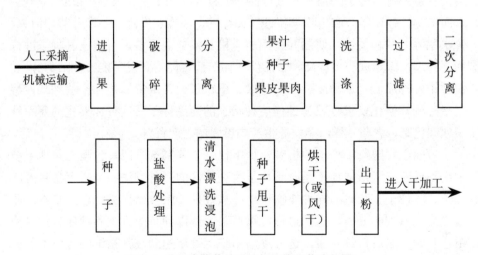

图 7-1 茄果类蔬菜种子湿加工线工艺流程图

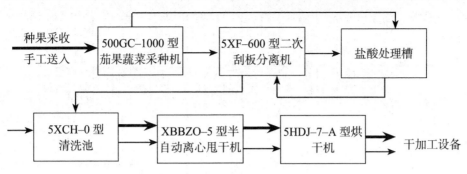

图 7-2 湿加工线设备配置方框图

  湿加工线生产能力为每小时处理鲜果 500 ～ 700 kg。由于清洗、甩干、烘干等工序的加工潜力大，可同时配置 2 ～ 3 台采子机，此时生产能力可达到 1 500 kg/h 甚至更高。西红柿、黄瓜脱子处理后的脱净率大于 97%，种子破损率小于 1%，清洁度大于 90%，烘干后的净度大于 98%，处理后色泽优良的种子等级可达一等或特等。湿加工线得到的黄瓜种的千粒重大于 25 g，西红柿种的千粒重大于 2.5 g，主要质量指标均优于手工及传统的发酵工艺，解决了茄、果类蔬菜采种周期长、劳动强度大、损失大、质量差的难题。

  湿加工线中主加工程序的单机设置与配套比较齐全，并已摸索出较为行之有效的酸处理配方与工艺，种子表皮杀菌增白后能在国际贸易活动中顺利通过商检。高温度种子应先甩干再烘干，可节能省时。湿加工线特别适用于县、区级蔬菜良种场，其中部分单机（如西红柿、黄瓜采子机）还适用于各级农科单位使用。

  湿加工线实施条件简单易行，只需 60 ～ 100 m² 的混凝土地面与简易工棚，接近水源，有无烟煤燃料即可。

二、干加工线

  工艺流程及设备配置见图 7-3 和图 7-4。

图 7-3 蔬菜种子干加工线工艺流程

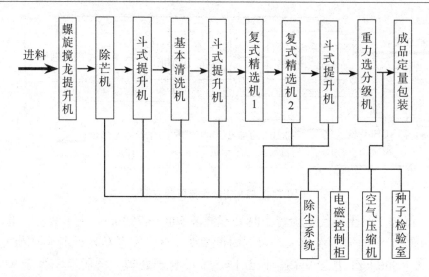

图 7-4 干加工线设备配置方框图

干加工线由除芒机、初选机、复式精选机、重力选分级机、除尘清理机和电控系统等设备组成自动化流水作业线。根据加工的作物品种和用户需求，可选择八种不同的加工工艺路线。如西红柿种子需首先进入除芒机去除表面绒毛，菠菜类等易结团的种子要成为单粒种子后通过第 I 提升机进入种子清选机，清选机按种子宽度、厚度、相对密度进行筛选和风选，除杂去石。第 I 提升机将种子送入两台并联的种子精选机，按种子的长、宽、厚和漂浮速度的不同，进行风、筛、宽眼筒组合的复式精选，去掉大小杂、重轻杂和不符要求的长短杂等，进一步提高种子获选率、净度。第 II 提升机将种子送到重力选分级机，除掉相对密度最轻的种子和最重的石粒，并把较好的种子按相对密度分成 2 ~ 3 级，分别装袋。处理后的种子质量可达到国家规定的等级标准，能够满足用户的特殊要求。也为后续作业程序如消毒、包膜、丸化及精量包装等做好准备，为实现蔬菜种子商品化提供了先决条件。干加工线可处理茄果类种子 100 ~ 150 kg/h 以上，叶菜类种子 250 kg/h 以上。经干加工线处理的种子获选率大于 95%，发芽率高于选前 2% ~ 5%，总破损率不大于 0.5%，净度、千粒重等均达到国家一级标准。

干加工线的单机群布局紧凑，功能全面，主程序中的单机均选国内最佳的小粒种子加工设备。由于采用多种变换的工艺流程，机型小，组成流水线的单机数量不多，又是平面布置设备，故可利用高度在 4.5 m 左右占地面积约 100 m² 的旧仓库或厂房，无需土建投资。电控系统采用集中控制与手动控制相结合，声光报警，工艺流程模拟显示，控制灵活、直观，开启方便。加工车间室外集中除尘，粉尘含量小于 10 mg/m³，机具噪声不大于 85 ~ 90 dB，成套设备使用可靠性大于95%。

设备的综合利用能力和年利用率极高，既可加工茄瓜果类，又可加工叶菜类蔬菜种子，在蔬菜种子收获集中的第二、三季度，可连续加工半年以上。干加工线特别适合市、县一级的种子公司。

第二节 蔬菜工厂化育苗技术

蔬菜工厂化育苗技术是应用控制工程学和先进的工业技术，是采用具有现代化设施的温室，标准化的农业技术措施，机械化、自动化的手段，创造最佳的综合环境条件，高效率地培育优质蔬菜幼苗的一套综合技术。

一、工厂化育苗的作用与优势

1. 工厂化育苗的幼苗出土快，齐苗时间短，以几种茄果类蔬菜为例，与常规育苗相比，齐苗时间由15 d左右缩短到2～3 d，出苗率由70%左右提高到95%以上。

2. 能够在短时间内培育出适龄壮苗。工厂化育苗能够保持适宜的日平均气温和地温，保证幼苗根系的正常发育，在较短的时间内满足植株对积温的要求，因而生长速度快，发育提前，植株健壮，据北京市农科院蔬菜所通过多品种蔬菜试验证明，采用工厂化育苗技术，育苗时间可比常规育苗缩短一半，而且苗的干重、湿重、干鲜比明显优于常规育苗，定植后缓苗快、长势好。经济效益好。工厂化育苗法育出的苗植株健壮，定植后缓苗快或不用缓苗，收获期提前，产量显著提高，能适时均衡地供应市场。

3. 主要作业环节实现机械化，具有省工、省种、省能源、造价低的特点。育苗规模可以满足一个自然村的栽培用苗，适合我国目前的生产体制和经营者的经济条件。

二、工厂化育苗的工艺和技术

在我国，蔬菜工厂化育苗受地域、自然资源、经营规模、资金和设备设施等条件的影响，形式很多。按护根材料分，有水培育苗和基质育苗；以设备设施分，有"一室"育苗（集催芽、绿化、花芽分化于一室）和"三室"配套育苗等，相应的工艺流程也不一样。根据我国现有设备设施，重点介绍在同一温室内完成子苗培育工序，采用有基质育苗的工厂化育苗工艺流程。具体技术路线如图7-5。

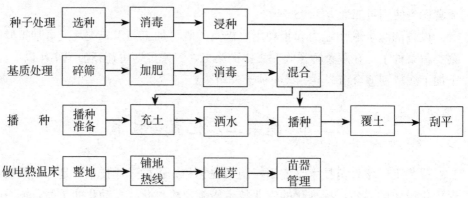

图 7-5 蔬菜工厂化育苗工艺流程图

从以上工艺流程看，工厂化育苗大致分为前期准备、播种、催芽和苗期管理四部分。为便于在生产实践中应用，现将上述几个育苗步骤中关键环节的技术要点介绍如下：

1.前期准备工作

（1）种子处理

要求种子籽粒饱满，大小一致，纯度高，发芽率不低于95%。播种前必须经过严格的消毒。常用的温汤浸种法，适用于多种蔬菜，能除去种子表面的病菌，消毒方法简单可靠。具体做法是，先将种子放入57～60℃的水中浸泡10～15 min，边浸泡边搅拌，待温度降到30℃时停止搅拌，继续浸泡4～6 h，控干水后即可使用。另一种消毒方法是使用药剂消毒，具体方法见表7-1。

表 7-1 蔬菜种子药剂消毒法

作物品种	病害名称	使用药剂	操作方法	备注
西红柿	烟草花叶病毒	10%磷酸三钠、氢氧化钠	将种子浸泡3～4 h，浸入两种药液中的任一种，20 min后取出冲洗干净	酸碱度为中性时方可停止
	早疫病	福尔马林（40%甲醛溶液）	将种子浸泡3～4 h，再浸入福尔马林溶液中20 min取出用温布包盖好，2 h用清水冲洗	
茄子	褐纹病	福尔马林（40%甲醛溶液）	将种子浸泡3～4 h，再浸入福尔马林溶液中20 min取出用温布包盖好，2 h后用清水冲洗	
甜椒	炭疽病细菌性角斑病	硫酸铜	将种子浸泡4～5 h，再浸入1%的硫酸铜溶液中，经5 min后用水洗净即可	

（2）基质处理（床土处理）

育苗基质（床土）处理的好，是能否培育出壮苗的关键，必须选择有机质含量高，酸碱度适中，疏松、透气、保水的基质。常用的有园田土、草炭、埋石、炉渣、岩棉等。相比之下，园田土、草炭和炉渣用于育苗较合适。使用前要对原料进行碎、筛、混、消。1SHT-1 型碎土筛土机可一次完成碎、筛两道工序，为了减轻上料者的劳动强度，提高工作效率，可选用与碎土筛土机相配套的 7PC-300 型皮带输送上料机。

育苗用的基质一般都是由两种以上的原料混合而成。常用的配方有：75% 草炭和 25% 园田土，40% 草炭、30% 的园田土和 30% 有机肥。这些物料必须混合均匀，才能使幼苗长势一致，便于管理。人工混拌不易达到上述要求，最好使用 1HT-1 型混土机混拌。药物消毒可以在机器混拌时同步进行，也可以先用 5% 的福尔马林喷洒，待混合均匀后堆放，用塑料薄膜密封 5～7 d；或用 50% 的多菌灵粉剂，每立方米床土用 50 g，混拌均匀后用塑料薄膜覆盖 2～3 d。这样处理过的床土，需待撤去薄膜药味散尽后方可使用。

基质的用量可以根据育苗量计算，一般每百盘用 0.13 m³ 床土，加上运输、加工和播种过程中的损耗，每百盘可按 0.2 m³ 准备。

（3）做电热温床

适宜的地温可以促进菜苗根系发育，提高菜苗吸收磷的能力，增强对不良环境的抗性，加快生长速度。茄果类蔬菜要求的地温是 18～24℃，低于 15℃时生长缓慢。我国北方 12 月至 2 月份温室内 5 cm 深处地温多在 7.5～11.5℃，故必须采取加温措施，提高种床温度。目前国内使用电加温线（地热线）提高地温，已有多处应用。这种方法既经济又安全可靠。

2. 播种

播种是蔬菜工厂化育苗技术中的核心工艺。目前国产的播种机中，只有 2BSP-360 型育苗播种流水线适合于蔬菜的裸种播种。上盘、装土、喷水、播种、覆土、刮平几道工序，可以在播种流水线上一次完成。各工序的技术要点是：

（1）土箱内使用的基质颗粒，草碳纤维应小于 10 mm，园田土应小于 6 mm，基质厚度为 4～5 cm。

（2）喷水要求匀而透，床土的含水量要处于饱和状态。

（3）播前将浸泡的种子摊开风干，使水散尽，并在装入种盒时撒入一些滑石粉，以增加种子流动性。

（4）先试播三盘，检查下种量是否合适，茄果类蔬菜，每盘应下种 400～500 粒。

（5）覆土要使用颗粒 4 mm 以下的床土，土层厚度 0.1 ～ 1 mm，覆土后要刮平，注意不使种子露出。

播种前要根据茬口和定植时间，确定下种时间，并在播前 24 h 点燃加温设备，使温室气温上升到 25 ～ 30℃；在播前 10 h 接通地热线电源，使电热温床的湿度达到 20 ～ 25℃。

3. 苗期管理

（1）催芽

将播好种的苗盘排列平放在电热温床上，盖上地膜，保持室温 25 ～ 30℃，地温 25 ～ 28℃，使菜种快速发芽、出苗。

（2）绿化

适时适量浇水，在单屋面温室，可配置 YWP 移动式喷灌设备，每 1 ～ 2 d 喷水一次；对无土无肥基质，喷洒营养液；保持适宜的室温和地温。

4. 装备和设施

（1）钢架塑料温室

温室是成套设备中的基础设施，主要为蔬菜育苗提供了适宜的场地，用于冬季蔬菜育苗时，可兼作蔬菜栽培。由于温室一般采用二层覆盖装置，可为冬季夜间保温。

（2）育苗基质处理设备

为工厂育苗提供混合均匀、细碎、疏松的床土条件。设备由三台主机组构成与播种流水线配套作业。

（3）7PC-300 型皮带输送机

该机为一种便于移动、倾斜角可调的带式输送机，是与 1SHT-1 型碎土筛土机和 2BSP-300 型蔬菜育苗播种流水线配套的上料机具。

（4）ISHT-1 型碎土筛土机

该机是床土处理设备之一，能有效地对含水率为 8% ～ 13% 的园田土和含水率为 7% ～ 14% 的草炭进行破碎和过筛，并可将其中的冻块、小石块和其他杂物顺利排出。

（5）1HT-1 型混土机

该机将经碎土、筛土处理后的园田细土、草炭及基质等均匀混合，为育苗播种流水线提供适宜的床土。2BSP-360 型育苗播种流水线育苗播种流水线是工厂化育苗成套设备中的重要组成部分。它解决了人工播种效率低，劳动强度大，播种不均匀的问题。一次可完成育苗盘的填土、喷水、播种、覆土等作业程序，可精播、穴播或撒播，达到抢农时、争效益、育壮苗的目的。播种流水线由排种装置、喷水装置、苗土充填装置、覆土装置、传动系统及辅助设备等组成。

（6）排种装置

采用抽板型孔式排种器，可播种蔬菜三茄（西红柿、辣椒、茄子）的扁粒种子和十字花科的圆粒种子。播种密度能满足农艺要求，种子分布均匀、破碎少，适用性强，结构简单，更换种子方便，工作可靠。

（7）苗土充填装置

在流水线的前部和后部分别设置一套苗土充填装置。前者承担育苗床土的装填；后者承担播种后床土的覆盖，保证覆土均匀，厚度一致，有利于种子的发芽、生长。

（8）喷水装置

为保证床土有足够的湿度，在苗盘床土充填刮平后，采用强力喷射、强行渗透的方式，以缩短渗水时间。具体要求是播种苗盘表土无明水积聚，以利种子投落定位。

（9）传动系统及辅助设施

传动系统采用链传动和三角皮带传动。为保证工作场所的整洁，流水线前后机架联接处设有接水槽，以收集苗盘底部渗出的水。流水线配有两套苗盘运输车，以便将播种完的育苗盘及时运到棚内指定的地点放置。

第三节 移栽机械

移栽是春茬蔬菜生产中的主要技术环节。在蔬菜生产中，育苗移栽的面积约占总种植面积的 40%，育苗移栽可为幼苗生长创造良好的环境条件；移栽时使用健壮的秧苗，达到优质高产的目的；移栽还可提前定植，保证生育期，便于轮作倒茬；移栽能够提高复种指数，提高土地利用率。栽植机应满足下列农业技术要求：①秧苗株行距和栽植深度要均匀一致，并可在一定范围内调整；②栽植后秧苗基本上垂直地面，如有歪斜，其斜度不得超过 30°，并无窝根现象；③力戒伤秧，带钵栽植时，不得有严重破坏营养钵的现象；④无漏栽和重栽现象。

目前国内已研制开发了几种型式的移栽机，但是仍处于试验推广阶段，没有大面积推广应用。主要型式为：钳夹式、链夹式、吊杯式、导苗管式、挠性圆盘式等几种，且均为半自动式栽植机。下面分别介绍几种栽植机的结构、工作原理和使用方法。

一、钳夹式栽植机

钳夹式栽植机主要由钳夹式栽植部件、滑刀式开沟器、覆土镇压轮、传动机构及苗架等部分组成。

作业时，栽植盘逆时针匀速转动，当钳夹转到栽植盘轴前方约平行于地面的位置时，抓住横向输送链送来的钵苗，继续向下转动到垂直于地面的位置，在滑道开关的控制下，钳夹松开，钵苗在重力的作用下垂直落入由滑道式开沟器开出的沟内，再由覆土镇压轮覆土镇压，完成栽植过程。

钳夹式栽植器的主要优点是结构简单，适合栽植裸苗和钵苗，秧苗栽植的深度、行距和株距都非常均匀一致，主要的缺点是栽植速度慢，栽植频率一般每分钟不超过 40 株，而且容易夹伤苗，尤其是在秧苗大小不一致时，此外，钳夹式栽植机的栽植株距调节困难。

二、链夹式栽植机

链夹式栽植机的基本结构由钳夹、栽植环形链、开沟器、镇压轮、传动链、地轮、滑道等部件组成。

工作过程与钳夹式栽植机的工作过程基本相同。链夹式栽植机的钳夹安装在栽植环形链上，链条由地轮驱动，当钳夹转到上部处于水平位置时，由人工将秧苗喂入到打开的钳夹内，当钳夹转动进入到滑道后，钳夹关闭，秧苗被夹住，并随钳夹向下输送，当秧苗达到与地面垂直时，钳夹脱离滑道，自动打开，秧苗随着落入开沟器开出的沟内，此时秧苗根部被回土覆盖，在镇压轮的镇压下降土壤压实，完成栽植过程。

链夹式栽植机要求秧苗的高度不超过 300 mm，栽植株距的调节比钳夹式栽植机容易，其他特点与钳夹式栽植机相同。

三、吊杯式栽植机

吊杯式栽植机主要适合于栽植钵苗，它由偏心圆环、喂入爪、喂入盘、吊杯、导轨等工作部件构成。

作业时，操作人员将钵苗放入喂入盘，当喂入盘转动到喂入爪的位置时，喂入爪抓住钵苗并将其放入到吊杯中，然后，钵苗随吊杯一起转动到下面，在达到底部时，导轨将吊杯打开，钵苗落入沟内，并由覆土圆盘覆土，完成栽植。当吊杯离开导轨后又关闭，等待下一个钵苗，偏心圆环使每个吊杯在任何位置都保持与地面垂直状态。

吊杯式栽植机的主要特点是能够在铺膜条件下进行栽植，利用吊杯打穴，然后将秧苗栽植到土壤中，其次，吊杯式栽植机对秧苗不附加强制夹持力，不宜损伤秧苗，且放苗平稳，栽植秧苗的直立度高。缺点是对开沟器宽度要求较大，增加机器阻力。

四、导苗管式栽植机

导苗管式栽植机主要工作部件由喂入器、导苗管、栅条式覆苗器、凿形刀式破茬分草器、滑刀式开沟器、覆土镇压轮、主梁及苗架等组成，采用单组传动。破茬分草器由单组固定卡上的刀库通过连接螺栓固定在主梁上。

作业时，由滑刀式开沟器在地上开出苗沟，秧苗由人工投入到喂入杯内，喂入杯作水平转动，当凸轮机构将喂入杯底端活门打开时，秧苗便靠自身重量落入导苗管，沿导苗管内壁下落，当秧苗落入沟内时，在栅条式扶苗器的扶持下保持直立状态，由覆土镇压轮进行覆土、压实，完成栽植。

导苗管式栽植机带有凿形刀式破茬分草器，可以在免耕地上完成秧苗栽植，其工作原理与免耕覆盖播种机相同。

导苗管式栽植机与其他类型栽植机的不同之处是：第一，由多个喂入杯构成的喂入器水平转动，人工喂入时有多个喂入点，可以提高栽植频率，一般可以达到每分钟60株；第二，对秧苗的适应性好，可以栽植裸苗和钵苗，秧苗在栽植过程中没有受到强制性约束，因此不容易伤苗；第三，有栅条式扶苗器，可以使栽植的秧苗不倒伏，栽植质量好。

五、挠性圆盘式栽植机

挠性圆盘式栽植机主要由挠性圆盘栽植器、苗箱、输送带、开沟器和镇压轮等部分组成。

挠性圆盘式栽植器一般由两个橡胶圆盘或一个橡胶圆盘与一个金属圆盘构成。栽植时，由开沟器开沟，操作人员人工将秧苗一组一组地放到输送带上，秧苗呈水平状态，当秧苗被输送带送到两个张开的挠性圆盘中间时，弹性滚轮将挠性圆盘压合在一起，秧苗被夹住并向下转动，当秧苗处于与地面垂直的位置时，挠性圆盘脱离弹性滚轮，自动张开，秧苗落入沟内，此时土壤正好从开沟器的尾部流回到沟内，将秧苗扶持住，镇压轮将秧苗两侧的土壤压实，完成栽植。

与钳夹式和链夹式栽植器不同的是，挠性圆盘栽植器夹持秧苗的数量不受钳夹数量的限制，在圆周内任何部位都可以夹苗，因此对株距的适应性好，能够栽植株距小的作物。挠性圆盘栽植机的主要不足是对秧苗的大小和粗细要求严格，而且容易伤苗，株距的变化大。

六、链勺式马铃薯栽植机

链勺式马铃薯栽植机主要由种块箱、肥料箱、滑刀式开沟器、传动机构和覆土圆盘等部件组成。

栽植作业时,肥料开沟器先开沟,种肥施入肥沟底部,回土流将种肥覆盖,然后由滑刀式开沟器开出种沟,种块箱内的种块在输送链的输送下进入充种区,当安装在链条上的取种勺通过充种区时将种块充入取种勺内,由于取种勺的大小只能容纳一个种块,因此多余的种块就自动落回到充种区内,当取种勺越过最高点向下运动时,种块落到前一取种勺的背后,并随着取种勺运动到下面,在取种勺转动为向上运动时,种块落入滑种沟内,由覆土圆盘覆土,完成栽植过程。

链勺式马铃薯栽植机的特点是对种块及种芽的损伤小,种块的投入点低,但是对种块的尺寸要求严格,适应性差。

第四节 蔬菜植保机械

植保作业是农业生产中的重要组成部分,是作物产量质量、农业经济效益和农村环境发展的重要保障。植保机械、农药与制剂及农药喷施技术是植物保护工作中三大核心部分。当前,我国已具有国际高水平的农药制剂研发技术,但在植保机械和施药技术层面的发展仍比较滞后,导致实际植保作业中存在农药利用率低、环境污染、植物毒害等问题。

一、WS 系列手动喷雾机

WS 系列手动喷雾机主要由背带、药箱、手动压杆、加压筒、喷杆、喷头等部件组成。产品引进了"新加坡利农牌 16 L 型喷雾器"技术,与传统的机器相比,具有整机安全、雾化效果好、药液搅拌均匀、适用范围广等优点,解决了传统产品的结构复杂、维护不方便,配件不通用、施药安全等问题。作业时,工作压力稳定在 0.2 ~ 0.3 MPa,提高农药利用率 15% ~ 20%,适合农户小规模农田和温室大棚病虫害防治。

WS 系列手动喷雾机药箱容积 16 L,工作压力 0.2 ~ 0.4 MPa,重量 4.3 kg。

二、电动喷雾机

电动喷雾机型号繁多,按照药液喷雾方式分为常规和静电电动喷雾机两种。电动喷雾机由贮液桶、连接头、蓄电池、电动泵、连接管、喷杆、喷头等部件组成。工作时，连接蓄电池，电动泵抽吸药液，加压后流向连接管、喷杆，经锥形喷头喷出。与手动喷雾机相比，电动喷雾机取消了抽吸式吸筒，消除了农药外溢伤害操作者的弊病，且节省人力。电动泵压力比人手动吸筒压力稳定、压力大，能够提高农药利用率，增大喷洒距离和范围。带有静电的电动喷雾机，雾滴黏附性强，覆盖率好，农药利用率高。适用于小规模粮油作物生产和设施农业（蔬菜大棚）的病虫害防治，以及卫生防疫。

电动喷雾机药箱容积 15 ～ 20 L，工作压力 0.2 ～ 0.4 MPa，蓄电池电压12 V，静电电压 20 kv，重量 5 ～ 7 kg。

三、背负式机动喷雾喷粉机

机动喷雾机型号多、数量大。现以 3W-950 喷雾喷粉机为例说明主要结构、工作原理和特点。3W-950 喷雾喷粉机主要由机架、离心风机、汽油机、油箱、药箱和喷洒装置等部件组成。机架组成是安装汽油机、风机、药箱等部件的基础部件，它主要包括机架、操纵机构、减振装置、背带和背垫等部件。机架的结构形式及其刚度、强度直接影响背负机整机可靠性和振动性等性能指标。离心风机是喷雾喷粉机的重要部件，它产生的高速气流，能将药液破碎雾化或将药粉吹散并送向远方。

3S-950 喷雾喷粉机主要部件采用优质材料，质量稳定，性能可靠。主要零部件采用工程塑料结构，整机重量轻，仅为 10 kg，背负作业舒适。采用高速风机，射程远，可达到 12 m 以上，是同类型机型中唯一达到 12 m 射程的产品。结构设计独特，凡与药剂接触的零件，都用耐腐蚀增强塑料或不锈钢制作，减少药液对部件的腐蚀，延长使用寿命。设计通风开关，将气流引向背垫处，提升操作者高温天气作业舒适度。设计大药箱口，添加农药简单方便。药箱下部设有排除口，方便残余农药清除。发动机采用反冲式启动，操作方便，高温部件有防护设施，使用方便。大软管与风机壳结合处，采用旋转式结构，操作方便，软管使用寿命长。喷雾喷粉机主要用于棉花、小麦、水稻、果树等作物病虫害防治，亦可用于除草和城乡卫生防疫。适用于山区、丘陵地带及零散土地。主要技术指标：雾滴平均直径不大于 120 μm，药箱容积 15 L，水平射程大于 12 m，净重 10 kg，配置 1E40FA 型 1.18 kW 发动机，电子电火，反冲启动。

四、担架式喷雾机

担架式喷雾机变形种类多，现以 3WZ-300L 型担架式喷雾机为例说明其特点。担架式喷雾机主要由机架、汽油发动机、液泵、药箱、喷管、喷杆、喷头等部件组成。这些部件紧密结合成一体，装配在一个机架上，两人可抬、可推，因此成为担架式喷雾机。该机采用机动三缸柱塞泵，流量大，药液用量多。因此，这类药械具有结构紧凑、设计合理，操作简便、机动性强、压力高且稳定、射程远、雾化好、工作效率高等特点。但环境污染严重，机组移动困难，人药距离近，易受药害。适用于水稻、小麦等大田作物及果实、园林等病虫害防治，也适用于社区、车站、码头、牲畜圈舍的卫生防疫和消毒。

3SZ-3001 型担架式喷雾机的三缸柱塞泵转速 800 ～ 1 000 r/min，工作压力 2.0 ～ 3.5 MPa，流量 18 ～ 28 L/min，喷枪流量 15 L/min，射程 12 ～ 15 m，药箱容积 300 L，配置 168F 型 3.7kW 发动机。

五、自走式高地隙喷雾机

一种自走式喷杆喷雾机，包括一个可移动机体。机体前侧上方设置有驱动装置和操作机构，机体前侧下方设置有由驱动装置驱动的驱动轮，机体后侧连接中心支架，中心支架的水平杆上设有置物平台，中心支架的竖杆上安装着一呈横向布局的喷杆支架，喷杆支架上间隔布局设置着若干喷头，中心支架下方设置有从动轮；置物平台上安装着农药箱，农药箱通过胶管连接高压泵后与所述的各个喷头连接。该种实用新型设计将机械行走机构和喷雾系统结合为一体，具有工作强度小，喷洒距离远，喷洒面积大，作业效率高的特点。

东风井关农业机械有限公司生产的 1.2WP-500A 型自走式高地隙喷雾机用于蔬菜植保作业，四轮驱动，转向灵活方便。发动机功率 13.9 kW，作业幅宽 11.5 m，离地间隙 85 cm，喷药高度 48 ～ 148 cm，药箱容积 500 L，作业效率每小时 30 ～ 50 亩。

六、植保无人机

植保无人机，又名无人飞行器，顾名思义是用于农林植物保护作业的无人驾驶飞机，该型无人飞机由飞行平台（固定翼、直升机、多轴飞行器）、导航飞控、喷洒机构三部分组成，通过地面遥控或导航飞控，来实现喷洒作业，可以喷洒药剂、种子、粉剂等。

无人驾驶小型直升机具有作业高度低，飘移少、可空中悬停，无需专用起降机场；旋翼产生的向下气流有助于增加雾流对作物的穿透性，防治效果高；远距离遥控操作，避免了喷洒作业人员暴露于农药的危险，喷洒作业安全性提高等诸多优点。另外，电动无人直升机采用喷雾喷洒方式施药至少可以节约 50% 的农药使用量和 90% 的用水量，这将很大程度地降低资源成本。

无人机大大减少了人员聚集带来的接触风险。电动无人机与油动的相比，整体尺寸小、重量轻、折旧率更低、单位作业人工成本不高、易保养。

做植保飞防服务除学会操作植保无人机以外，还要求操作者掌握相应的农业、农药和植保知识，了解不同的作物有不同的药液施用量和不同浓度的配比要求。同时对机器本身的性能精确度也有要求。

目前存在的主要问题是：

1. 成熟可靠的植保无人机少，不少厂商一味求大，忽视了植保作业的特殊要求。

2. 买家盲目购买，作为一种新的喷洒技术，如果真正用于农林植保，买家应实地考察飞防作业，从技术层面多加了解而后入手。

3. 培训及售后服务不到位，买家无人飞不敢飞，机器当成了摆设。

4. 专用药剂知识不足，个人盲目勾兑药剂，容易造成农药残留过高、灭虫效果差等问题。

5. 行业标准难制定，购机补贴难申请。

6. 市场需求量大，准入门槛不高，专业化水平难提升。

单旋翼无人植保机有较大的载重能力，续航时间较长，形成的单一风场可以有效控制喷洒药剂的漂移问题，能吹动叶面，形成很好的药剂穿透力。

第五节 田园管理机

田园管理机，是指主要用于温室、果园等地作业的小型田园耕作机械。

一、独、双轮田园管理机

它包括机架和可调高低扶手，机架上设有（风冷或水冷）柴油机或汽油机、机架和扶手上设置有变速箱，变速箱的输出轴上设置有能够沿轴移动的驱动轮或链轨。

传动方式主要有：全齿轮传动、皮带传动、链条传动三种方式，该机具有重量轻、油耗低、相对功率大、结构紧凑、机动性强、操纵轻便灵活的特点。可爬坡、越埂、阶梯性强。广泛适用于平原、山区、丘陵的旱地、水田、果园、菜地、烟地的深旋耕、浅旋耕、犁耕。配上相应机具可进行抽水、发电、喷药、喷淋、收割、起垄、铺膜、打孔、碎草、根茎收获、复土、培土、开深沟、施底肥、除草碎土、偏培土、埋葡萄藤等作业，还可牵引拖车进行短途运输，是大中型农机无法媲美的多功能田园管理机，具有工作稳定可靠、使用寿命长、维修方便等特点。是进入农民家庭最理想的田园管理机。

二、自动差速器的田园管理机

该机可以 360°自由转弯，在田间可随意控制方向，极大地方便操作，此外该机采用整体铸造变速箱体，结实耐用，采用干式摩擦离合器，安全可靠，是农民朋友的好帮手。

三、全齿轮传动田园管理机

整机采用齿轮传动，动力无损；耕幅宽，耕深深，适应力强，各种土质均能轻松解决；高效率，每天可耕作 3 330 ～ 6 660 m²，刚性好，使用寿命长。配上相应机具可实现十大功能：旱地旋耕、水田旋耕、抽水、运输、脱粒、开沟、喷淋、喷药、收割、发电。可广泛满足丘陵、山区、大棚、果园、水田等不同地域的多种农艺需求。

四、3TG4-0Q 型多功能田园管理机

该机适用于蔬菜大棚内中耕、施肥、铺膜、锄草、镇压、开沟等作业。扶把可水平 360°、上下 29°调整，配套锄草、开沟、培土、起垄、施肥等装置，一机多用。发动机为汽油机，功率 4 kW，作业幅宽 40 ～ 65 cm，耕深 10 ～ 25 cm，作业效率每小时 0.2 ～ 0.27 hm²（即 3 ～ 4 亩）。

五、TGQ-5.5 型多功能田园管理机

该田园管理机配套微耕机作业，适用于大棚内菠菜、青菜等蔬菜的起垄作业，发动机功率为 5.5 kW，作业幅宽为 1.2 m。

第六节 起垄机械和滴灌设备

一、起垄机

起垄机主要适用于薯类、豆类、蔬菜类的田间耕后起垄作业。起垄机具有垄距、垄高、起垄行数、角度调整方便，配套范围广，适应能力强等特点。

（一）GKNM-160 型甘蓝娃娃菜起垄施肥铺膜机

GKNM-160 型甘蓝娃娃菜起垄施肥铺膜机的配套动力为 44 kW 以上拖拉机，作业幅宽为 1.6 m，起垄数为双垄，起垄高度为 5 ～ 30 cm，垄面宽度为 35 ～ 40 cm，肥箱容积为 150 L，作业效率为每小时 0.27 ～ 0.40 hm²（即

4～6 亩）。

（二）GZ-140 型作畦机

该机装有 GPS 定位装置，完成蔬菜作畦作业后畦面平整，畦宽均匀一致。作畦后，土壤排水良好，种植层的厚度增加便于侧方灌水；畦面不易板结，有利于空气流通，提高地温。配套动力为 52.5 kW 以上拖拉机，畦面宽 140～180 cm，垄高 10～20 cm。

（三）AIMAXI 系列碎土起垄机

适用于露地蔬菜和连栋大棚蔬菜起垄作业。配套动力为 52.5 kW 以上拖拉机，作业幅宽为 2.2 m，起垄高度为 15～20 cm，刀片数为 30 个。

（四）ZKNP-125 型精整地机

专为设施大棚蔬菜栽培设计的机械。该机采用低地隙拖拉机为动力，配套施肥、起垄、旋耕、碎土、平整和镇压联合作业。机器装有液压偏置装置，机具作业中可左右偏移，最大偏置距离 30 cm，适用于设施大棚和小地块进行蔬菜精整地复式作业。配套动力为 41.25 kW 以上拖拉机，作业幅宽为 1.25 m，起垄高度为 15～20 cm，作业效率为每小时 0.27～0.47 hm^2（即 4～7 亩）。

二、灌溉设备

滴灌设备是滴水灌溉技术中所用的灌溉工具的组合总称滴灌设备。滴灌设备包括：管上滴头、滴灌带、滴灌管。滴灌带有连续贴片式、边缝式、双壁式、内镶片式，滴灌管分内镶片式及内镶柱状式，滴灌灌水器还分非压力补偿及压力补偿式。滴灌设备主要应用于宽行、高经济价值的作物（如果树、棉花、土豆、蔬菜、苗圃、温室作物等）灌溉，以及林业种树和园林乔、灌木、花卉等植物的灌溉上。滴灌技术可节水、节工、节肥、达到高产优质的效果。滴灌系统必须过滤，并配施肥装置。

（一）PD160-1.1 型小型遥控喷灌机

适用于温室蔬菜、花卉、苗圃等多种经济作物的半自动化灌溉。该机为遥控操作，避免操作人员接触药物。该机在固定轨道上作业，当移除喷灌工作部件后，车架（底盘）可作为棚内运输车使用，一机多用，提高效率。行走电机功率为 0.65 kW（48 V/60 Hz），配套水泵功率为 1.1 kW，工作压力为 0.15～0.30 MPa，工作幅宽为 3～12 m，轨道行程为 60～70 m，行走速度为 4.0～16.5 m/min，喷灌面积为 800 m²。

（二）PD160-1.1 型全自动智能遥控育苗喷灌系统

适用于温室大棚、春秋拱棚、育苗基地蔬菜叶面施肥、育苗床的浇水、喷洒药物预防病虫害。行走电机功率为 0.25 kW（220 V/50 Hz），配套水泵功率为 2.2 kW，工作压力为 1.5 ～ 2.0 MPa，工作幅宽为 8 ～ 15 m，轨道行程为 60 ～ 80 m，运行速度为 4.0 ～ 16.5 m/min，喷灌面积大于等于 800 m²。

第七节 收获机械

蔬菜收获机械主要有块根类收获机械、茎叶类收获机械和果菜类收获机械三种。

块根类收获机械分拔取式和挖掘式两种。拔取式收获是先将茎叶扶起，从土壤中拔出块根，然后分离块根上的茎叶和土壤。挖掘式收获机是先切掉茎叶，然后挖出块根，并将土壤和夹杂物与块根分离。

在整个机械化栽培管理过程中，茎叶类和果菜类蔬菜的收获作业的机械化水平目前较低。由于蔬菜种类多样，形态各异，物理性质差异较大，因此，要求收获机械的结构和工作原理也各不相同，加之蔬菜一般种植面积有限，给机械化收获增加了一定难度。

目前在蔬菜收获机械方面，使用程度较高的是马铃薯收获机，国内外资料的相关介绍比较多，这里就不再叙述。下面简单介绍国外在其他蔬菜收获方面的一些实用的机械技术。

国外在黄瓜、西红柿、茄子、辣椒、白菜等蔬菜收获方面，研制了机械辅助作业机，它适用于黄瓜、豆角等蔬菜的采摘作业。该机主要由动力机、橡胶履带、操作平台、输送带、果实集装袋等部分组成。机器采用人机工程学设计，操作者可舒适安全地进行操作。工作时，采收人员爬在作业平台上，用手将果实有选择地摘下，放在手旁边的传送带上，通过传送带的运动将果实运到集装袋里，大大降低采摘的劳动强度，显著提高生产率。利用该机每人每小时可采收黄瓜 200 kg。

水平悬臂式蔬菜采摘机适用于辣椒、西红柿等蔬菜的采摘作业。该机由拖拉机牵引，主要由作业平台、集装箱、可折叠作业臂、输送带装置等组成。作业时，牵引机器到蔬菜地头，将机器折叠作业臂打开为水平状态，启动输送带。采摘人员将摘下的果实放到输送带上，输送带立即将果实传送到平台上的集装箱内。采用该机作业，采摘人员可连续采摘，省去了来回运送的工序，既降低了劳动强度，又大大提高了作业效率。

一、FZ-30 型自走式番茄收获机

适宜于大面积加工番茄的机械化收获。该机由割台装置、果秧分离装置、色选装置、电液自控系统 4 个核心部件组成，各项采收质量指标完全达到国际同类产品标准。发动机功率为 127.5 kW，作业效率为 30 ~ 40 t/h，收获效率相当于 300 ~ 400 个劳动力。

二、JZ-36000A 型自走式辣椒收获机

适用于不同地区、不同线椒和板椒品种的机械化采收。该机配备新型复脱滚筒和加长型清选机构，能够充分使茎秆和辣椒分离，可一次完成辣椒的采摘、输送、清选、复脱、集箱和卸料装车等作业。发动机功率为 139.7 kW，作业幅宽为 3.6 m，粮仓容积为 6.9 m³，卸料高度为 4.1 m。

三、FZ-30 型全液压自走式番茄收获机

适用于大面积种植的加工番茄种植模式。该机集成番茄切割捡拾、果秧振动分离、自动分选等核心技术，可靠性高。作业幅宽为 1.2 m，作业效率为 30 t/h，收获损失率≤ 4.1%，破损率≤ 4%，含杂率≤ 2%。

四、RJP1200 型叶菜收获机

适用于单体大棚、日光温室、小区域地块生菜、小叶菜、菠菜等蔬菜的收获。该机有行走、收获双电机驱动，电动动力为 24 V、6 A，作业幅宽为 1.2 m，工作高度≤ 1.15 m，输送带长度为 1.37 m，充电作业时长为 6 ~ 7 h，收获长度 5 m/min。

五、SH-60 型蔬菜收获机

该机适用于大田种植的甘蓝、菜花、西兰花等结球类蔬菜的单行收获。配套动力为 50 ~ 60 kW，收获行数为 1 行，轮距为 170 cm。

六、DS-45 型手扶式大蒜收获机

用于大蒜收获作业。该机可满足平原、丘陵机械化作业要求，可实现大蒜松土、挖掘、切茎根、收集蒜头等联合作业，较传统大蒜收获机的结构体积小，造价成本低。发动机功率为 6.9 kW，作业幅宽为 45 cm，收获行数为 2 行，明蒜率≥ 96%，伤蒜率≤ 1%，作业效率为每小时 0.2 ~ 0.33 hm²（即 3 ~ 5 亩）。

七、意大利 HORTEACH RAPID SL 型自走式生菜收获机

适用于大田种植生菜收获。该机前置切割头,电动液压感应调整切割高度,配备自动驾驶装置,发动机功率为 37.5 kW,作业幅宽为 1.7 m,收获行数为 4 行,适应行距:≥ 25 cm,作业速度为 6 kW/h。

八、HB-DCJ-15 型履带式葱姜收获机

适用于大棚姜、鲜姜、鲜葱、冬葱的收获。发动机功率为 16.5 kW,作业幅宽为 1.45 m,油耗为 6 ~ 7 元 / 亩,作业效率为每小时 0.13 ~ 0.2 hm² (即 2 ~ 3 亩)。

第八节　果蔬清洗机械

机械采收的基本原理是:用机械产生的外力,对果柄施加拉、弯、扭等作用,当作用力大于果实与植株的连接力时,果实就在连结最弱处与果柄外离,完成摘果过程。根据摘果作用力的形式不同,采收机主要有气力式和机械式两种。

一、气力式果品采收机

气力式采收机是通过高速吹出或吸入的气流使果实与树枝分离。因此,气力式采收机可以分为吹出式和吸入式两种。吹出式采收机的主要工作参数是气流速度和气流方向的变化频率。如在采收葡萄时气流的速度为 15 m/s,气流方向的变化频率为 16 ~ 24 Hz。这种采收机的功率消耗比较大,对树叶有损伤,摘果率不稳定(60% ~ 90%)。

吸入式采收机是将工作吸头对准果实,利用吸头对果实的一侧施加负压,果实在两侧压力差的作用下,克服果柄的连接力从植株上掉下,进入工作头的导管,在气流的作用下被送到收集装置。这种采收装置结构简单,但果实容易被压碎。

二、机械式果品采收机

机械式采收机采摘果实的原理有割下、拉断和振落等。切割摘果是用割刀或旋转刀切断果柄,拉断摘果是利用垂直或水平旋转的钢丝滚筒或用动力驱动的弹齿或摆动的指刷扯断果柄摘下果实。目前,生产上应用比较多的是机械振动式采收机。

振动式采收机根据产生振动的形式不同,可以分为推摇式和撞击式两种。

推摇式采收机是以一定频率和振幅的机械作用，推摇果树干枝使其摆动，令果实产生加速度，当果实的惯性力大于果柄的连接力时，果实脱离枝条，被摘下。根据国外经验，树干振摇机最常用的工作频率为 800 ～ 2 500 次 /min，振幅为 5 ～ 20 mm；大枝振摇机最常用的工作频率为 400 ～ 1 200 次 /min，振幅为 38 ～ 50 mm，此种方法多用于采收乔木生果实。撞击式采收机是利用工作部件冲撞或敲打果树干枝，振落果实。此种方法可用于采收乔木生、灌木生和茎生果实。推摇式采收机主要由推摇器、夹持器和承载装置等组成。工作时，首先由人工将夹持器夹紧在树干或大树枝上，再将承载装置布设在树冠的下面。承载装置的主要部件是由帆布等材料构成的向心倾斜面，果实落到该装置后，滚向中心，落到带式输送器上，风扇的出风口在输送器的后下方，在向运输车卸果时，轻杂物被气流清除。

此外还有气囊式采果器和电动采果器等。气囊式采果器是一种人力摘果工具，它在采果器手柄的一端装设多个果托，另一端设有空心橡皮球。后者和安放于杯形果托内的摘果橡胶气囊用导管相通。用手挤压空心橡皮球，使气囊内气压增加，将果实夹紧。拉动手柄，即可摘下果实。使用气囊式采果器，可以不移动工作位置而采摘较高、较远处的果实，并保护果实在采收时不受损伤。

第九节　果蔬分选机械

果蔬的分选可分为两类：一是按其颜色、饱满程度、外观规整与否、是否有虫蛀以及斑痕等品质方面的选别，二是按其形状、重量进行分级选别。按品质选别一般是人工进行的，随着电子技术的发展，近年来不断有人研制开发用摄像机和微机处理技术对某些果蔬进行选别和分级，现已有同时按重量、颜色分选的机型，还有利用超声波和短红外线来测定糖度、酸度的非破坏选别方法。但目前我国还是以机械式分级分选机为主分选机型，机型包括滚子筛式、回转带式、圆孔回转带式和称重式。最近国内外还有利用果品的光电特性来进行分选的机型。

一、滚筒筛式分选机

滚筒筛式分选机的滚筒上有圆形孔。物料从一端喂入，在滚筒筛表面运动，并落入滚筒筛的筛孔后，尺寸小于筛孔的物料穿过筛孔进入筒内，从侧向排出，尺寸大于筛孔的物料则被筛孔带动作回转运动，在滚筒筛上方排出，物料被分成两级。要使物料分成多级，可将多个不同筛孔大小的滚筒平行配置。

二、回转带式分选机

将水果或蔬菜置于选果带上，则直径小于两条选果带间的距离的水果从中下落。由于两选果带间的距离沿运动方向逐渐加大，故不同尺寸的物料会掉落至下方相应的输送带上。该装置结构简单、故障少、工效比较高，但分级精度不高，故适用于精度要求不高的水果分级。另一种回转带式分级机分级部件由三条回转选果带组成，各条带上按等级要求开有不同大小的圆孔，选果带中间设有集料输送带，每条选果带将物料分成大小不同的两部分，直径小于圆孔的水果落在集料输送带上，大于圆孔的物料被送至下一输送带。果蔬物料由倾斜输送器升运后，先经手选装置，由人工剔除损伤果，然后通过叶片式刷子，将大部分物料引向选果带，唯有进入叶片间的特小物料被带向等外级集料输送带，三条选果带将物料分成小、中、大、特大等级。

三、辊轴分选机

辊轴式分选机适用于近似球形的果蔬（苹果、柑橘、番茄、马铃薯和桃等）分级，其主要特点是分级快，损伤少。

分级作业是在一条由许多辊轴组成的输送带上进行的，辊轴开有梯形槽，相邻两辊轴间装有一根能升降的辊轴，这样三根辊轴形成两组分级口。辊轴一面自转，一面随输送带前进，同时，由于中间辊轴的上下位置受到轨道控制而不断升起，分级口不断加大。进入分级口的物料受辊轴自转的影响而转动，使其能以最小直径对准分级口，当物料直径小于某一分级口时，即从此分级口下落；不能通过分级口的物料，则随输送带向前运动，直至中间辊轴上升到分级口大于其最小值时下落。这样，在出料输送带不同位置上可以获得不同等级的物料。

四、称重式分级机

水果、禽蛋等物料常需要按重量分级，方法一般有称重式和弹簧式，但称重式为最常用。

称重式选果机的结构由喂料台、接料箱、移动秤、固定科、输送辊子链等组成。移动秤约 40～80 个，料盘上装水果，随辊子链在轨道上移动。固定秤装有六台（分成六级），固定在机架上，其托盘中安装两级砝码。移动秤在非称重位置时，物料重量靠小轨道支承，使移动秤杠杆保持水平。当移动秤到达称重位置（固定称处）时，即与小轨道脱离，移动秤杠杆与固定秤的分离针相接触。此时，物料和砝码在移动秤杠杆的两端，通过比较，若物料重大于设定值，则分离针上抬，料盘随杠杆转动而翻转，物料被排至相应的接料箱。经过六台固定秤，物料由重到轻分成六级。该机分级精度高，调整方便，物料在分级中不易受到损伤，适用范围很广，但结构复杂，价格高。

此外，还有利用果蔬的光电特性进行分选、分级和检查成熟度的机型。

第十节 果蔬包装设备

一、果品包装设备

为便于果品的贮存和运输，分级后的果品应及时包装。包装的容器主要有条筐、纸箱和木箱。容量一般是 10～30 kg。国内多用条筐包装，外销果品多用箱装。肉质较软的果品如葡萄、桃等每箱不可超过三层。肉质较硬的果品每箱可装四至七层。在容器内可用瓦纸、软纸或塑料薄膜等作衬垫物。在容器底层和果品间空隙处应有填充物，可用稻壳、锯屑、纸条或特制的定位格板等填充，也可以将果品装入塑料袋后，再装入纸箱。

果品装箱工作是一项细致、复杂的操作过程，即使在机械化程度较高的选果场，装箱工序大多数也是由人工完成的。装箱前的果品处理和装箱后的称重、封箱、贴商标等工序可由机械完成。

二、蔬菜包装与运输设备

蔬菜经过加工包装上市的优点包括：保证了蔬菜鲜嫩的品质，提高了商品价值；以净菜上市，减少废物；蔬菜小包装适合消费者的需要；节省能源，防止浪费。

不同的蔬菜采用不同的包装方法。菠菜、油菜、韭菜等采用打捆包装，使用的机械有集束机、扎带机等。马铃薯、葱头等一般用装袋机进行袋包装。而番茄、黄瓜等果菜类广泛使用塑料薄膜包装。塑料薄膜包装除了以袋的形式外，还有贴合包装的形式，它是以无毒塑料薄膜使用收缩法或延展法进行包装。收缩法是将薄膜加热延伸后包装，待收缩后使薄膜与物料贴合。延展法包装无需对薄膜加热，它利用薄膜延展状态下的回弹力而将物料包紧，运输包装多采用纸箱或竹木筐包装。蔬菜流通量大，而且要求运输时间短以保持鲜嫩品质、减少损失。因此，国内外都很重视蔬菜运输工具的发展。目前有冷藏运输车、包装运输车（蔬菜收获后直接在田间包装并运走）。

第十一节 果蔬贮藏保鲜设备

果蔬收获后的一段时间内仍然保有生命力。因此，它必然要进行呼吸来维持新陈代谢，从而导致果蔬的外观和内在的品质下降，最终失去了食用价值。为了抑制这一生理过程，保持果蔬的原有品质，销售商采用了多种保鲜技术，如预冷保鲜、库窖贮藏保鲜、气调保鲜、化学保鲜及低压保鲜等。但广为应用的手段还是将果蔬放置于低温状态下来保鲜，即将其自然温度下降到 0 ～ 10℃。保鲜技术可分为流通保鲜技术和贮藏保鲜技术。二者虽然都是保鲜，但是目的和任务不同，前者是在果蔬收获后快速预冷保鲜，其目的是运输、供应或贮藏，后者是为了长期贮藏而保持果蔬品质不变，待淡季供应市场。

一、贮藏保鲜的方法及设备类型

（一）预冷保鲜及其设备

在果蔬流通过程中应用的保鲜措施是预冷。果蔬收获后，将其自然温度急速地下降到规定的温度，这种保鲜措施叫做预冷。预冷能够使果蔬在运输中减少腐烂，延长果蔬供应时间，保证上市的果蔬新鲜且品质一致。

1.强制通风预冷设施

强制通风预冷是用冷风作为介质，冷风从管道吹出后，在容器四周强制对流，果蔬温度下降到 10℃左右的保鲜措施。库房也可以作低温贮藏库使用。此法的缺点是需要的冷却时间长，均匀性差。使用的主要设备有压缩式制冷机、风机、阀门和输送管道等。由于方法简单，使用方便，强制通风预冷方法在国内外被普遍应用。

2.差压通风预冷设备

从原理上说，与强制通风预冷相似。但它是在压差的作用下将冷风通过放置在果蔬容器壁上的通气孔，直接与果蔬进行热交换。其冷却时间为强制通风预冷的 1/5 ～ 1/2，冷风由冷却器的排出口出来后，在库内形成高压区，通过容器孔进入箱内与果蔬进行热交换，然后从箱内出来到低压区，又进入冷却器。这种方法所需的设备简单、耗能低、冷却速度快，有广泛的发展前途。

3. 真空预冷设备

把果蔬放入不透气的封闭室内，用真空泵将室内的气体抽出，室内压力逐渐下降，果蔬水分也随之蒸发，其潜热也随之散发。在 20 ～ 30 min 内，果蔬温度可从 25℃降到 3 ～ 4℃。

这种方法冷却速度快，适用于叶菜类的预冷；但是使用技术复杂，一次性投资大。

除上述方法外，还有冷水预冷，利用冷水浸、淋、喷果蔬。这种方法的预冷时间短、效果好；但浸后很难甩干果蔬中的水分，易霉烂变质。

（二）贮藏保鲜及其设施

贮藏与预冷都是保持果蔬鲜嫩的措施。贮藏使果蔬在长时间内保持品质不变化，以延长上市期。国外果蔬保鲜大都以冷藏为主。

产品收获后，在产地预冷，然后用冷藏车运输、冷库贮藏、冷柜销售，形成一个冷链系统；但这种方法投资大，成本高。我国近期在发展冷库保鲜的同时，仍应以常温传统方法贮藏为主。

1. 常温库（或窖）贮藏

将果蔬贮藏于建设好的窖内。建窖地址一般选择空气流通，地下水位较低的地方。根据贮藏原理，果蔬入窖后应在稳定低温、通风良好的环境下贮藏，方便散发因呼吸所产生的热量。在北方冬季窖内，温度一般应保持在 0 ～ 5℃之间，依靠通风装置调节内部温度，常温库（窖）贮藏法是我国北方地区应用最为广泛的一种果蔬贮藏保鲜方法。

2. 冷库贮藏

低温贮藏保鲜是目前国内外研究得最多、最完善的方法。冷库贮藏要求在果蔬采收后立即进行预冷，用保温车运送出售或送入冷库贮藏保鲜，在冷库内放有棚架，果蔬放在棚架上，或将装果蔬的容器直接码垛在冷库内，让冷风在库内自然对流以达到贮藏的目的。库内的温度应根据不同种类果蔬的要求进行调节。

3. 气调法贮藏

气调法是在低温密封贮藏环境中，用调节空气成分的方法达到保鲜贮藏之目的。一般果蔬在空气成分为氮气 78%、氧气 21%、二氧化碳 0.03% 的环境条件下可进行正常的呼吸作用。若在适宜的温度下，改变果蔬贮存环境的气体成分，创造一个二氧化碳较多、氧气较少的环境，果蔬呼吸作用则受到抑制，新陈代谢速度减缓，鲜度能够得到有效保持，当果蔬运离贮藏库后，仍有较长的货架寿命，保鲜时间可达 3 ～ 6 个月之久。

气调贮藏包括贮藏库、塑料薄膜帐、塑料袋包装三种方法。

4. 减压贮藏

减压贮藏是低温与低压相结合的贮藏方法，可分为定压减压贮藏和差压减压贮藏两种方法。

（1）定压减压贮藏

定压减压贮藏是将果蔬放入密闭的容器内，使容器内部的气压保持在低于大气压的某一确定的压力下，同时保持最合适的温度进行贮藏的方法。在低压下，氧气以及其他气体的分压下降，从而具有气调法贮藏的效果，但水蒸气分压也下降，水分蒸发加快，需要有增湿装置。这种贮藏法所采用的设备有气容贮藏室、冷却装置、加湿装置、真空泵和控制压力装置及其附属装置等。

（2）差压减压贮藏

差压减压贮藏与定压贮藏不同的是，密封贮藏室内具有变化的压力。预先给定两个低压 P_1 和 P_2，真空泵将室内的压力降至 P_2 即停止运转。这时，由于内外压力差，室外气体慢慢由进气口进入室内，当压力升高至 P_1 时，真空泵再次启动进行排气，使其压力恢复至 P_2。真空泵的开关与 P_1 和 P_2 相对应，压力调节器控制真空泵的电磁开关，贮藏室内压力保持在 P_1 和 P_2 之间，这样可使室内贮藏的果蔬既处于低压控制又可换气。这种方法导入的空气易使果蔬的水分饱和，无需另外加湿。

5. 堆放通风贮藏

堆放通风贮藏又称间歇换气堆放通风贮藏，主要原理是在低温下，利用果蔬的呼吸蒸腾作用得到高湿度和高浓度二氧化碳的环境来抑制果蔬的呼吸与蒸腾，并通过适宜的换气，除去乙烯等有害气体。堆放通风贮藏的设施由贮藏室、软管、风门、风机及控制机构组成，整个装置密闭不透气，内部空气进行循环与换气。换气时，进气门与排气门在电磁阀的作用下打开，使室内进入新鲜空气，装置内进行空气循环时，各气门关闭。除换气与循环外，内部空气处于不流动的休止状态。整个过程按照换气—循环—停止这样的周期进行。

综上所述，果蔬贮藏保鲜的方法很多，应因地制宜地采用。随着科学技术的发展，人民生活水平的提高，先进的贮藏保鲜方法必将受到广泛重视和应用。

二、通风贮藏库的结构和设备

（一）自然通风贮藏库的结构

通风库一般为砖木钢筋水泥结构，有较完善的隔热建筑和较灵活的通风系统。但通风库仍是依靠自然通风来调节库内温度的，因此其使用受到季节和地区的限制，在我国长江流域及其以北地区应用较为广泛。

通风库有地上式、半地下式、全地下式，有单体库、连体库和"非"字型分列式排列库等，多建成长方形或长条形。我国各地发展的通风库一般长 30 ～ 50 m、宽 5 ～ 12 m、高 3.5 ～ 4.5 m，面积 250 ～ 400 m² 库顶有拱形顶、平顶和脊形顶。通风库的四周墙壁和库顶都有良好的隔热性能，以达到保温的目的，通风库所用的隔热材料一般为较经济的木屑、稻壳和炉渣，也有用膨胀珍珠岩等做隔热材料。各地区的气候条件不同，应达到的保温热阻值有所不同，因此保温材料使用的厚度也不尽相同。在北京等同气候带地区，通风库墙壁应达到的热阻值是 1.3 m² · ℃ /W 以上，库顶是 2.15 m² · ℃ /W。材料的热阻愈大，隔热性能愈好，反之则差。建库使用的所有材料都必须干燥，吸湿了的材料隔热性能大为降低，对库房保温不利。

通风库的容量以 100 ～ 150 t 较普遍，小型库还可以在 100 t 以内。小型库的库房跨度为 4 ～ 5 m，大型库为 7 ～ 10 m，跨度不宜太大。若跨度太大，一方面对建筑材料的要求高，建筑成本增加，另一方面保温性能也较差。

通风贮藏库以引入外界的冷空气，吸收库内的热能后再排出库外而起降温作用。所以通风系统的性能直接决定着通风库的贮藏效果。显然，单位时间内进出库的空气量（通风量）越多，降温效果就越好。通风量决定于通风口（进气口和排气口）的面积和空气流动速度（风速），风速又决定于进、排气口的构造和配置。

（二）强制通风贮藏库的结构

强制通风贮藏库是在通风贮藏库的基础上增加了强制通风设施，其特点是将贮藏空间纳入通风系统，并通过强制通风，极大地提高了通风效果，更有效地利用了外界温度的变化来提高贮藏效果。

强制通风系统由风机、风道、风道出风口、匀风空间、贮藏空间和出风口组成。风机和风道的大小依据贮藏库容量的大小而定。

强制通风贮藏库的管理主要是依据外界温度和果菜温度的变化，在外界温度适宜时打开风机通风，调节库内的温湿度及气体成分。当外界温度不适宜时则要关闭风机，使库内与外界隔离，依靠库体良好的保温性能，保持贮藏物在适宜的温度范围内。此技术操作简单、省工、省时，较自然通风库贮藏的质量好，贮藏时间长，较冷藏节省能源。但因为此方法也利用自然温度来调节库温，因此仍受自然环境温度的限制，当外界最低气温高于果蔬贮藏所需的温度时，应及时结束贮藏。

强制通风贮藏库贮藏管理的原则是在冬季更要严格掌握通风温度和通风时间，因其通风量较大，流速高，风又是直接通过果蔬间，如通风不当，会造成果蔬受冻，影响贮藏效果。

（三）通风机的一般构造和工作原理

通风机是机械通风系统中的主要设备。通风机可分为轴流式和离心式两种，而这两种形式中又都可分为普通型和可调速型。

1. 轴流式通风机

轴流式通风机是各种通风系统经常采用的一种形式，它的通风压力较小，流量相对较大。普通轴流式风机的主要组成部分有叶轮、外壳、机座及电动机。叶轮直接安装在电动机轴上，当电动机旋转时，类似于螺旋桨的叶轮对周围空气产生轴向推力，空气不断地沿着轴线流入圆筒形外壳，并沿轴向排出，形成空气流。叶轮叶片数目越多，产生的风量、风压也越大。

风机和水泵类似，它的主要性能参数也是全压力 H（Pa）和流量 Q（m/h）。全压力包括动压和静压两部分。动压力是单位体积空气的动能，由于空气很轻，这部分可忽略不计。所以风机的参数主要是静压力和流量。

风机的静压力是单位体积空气的压力能，也就是空气对单位面积的压力，静压力的单位为帕。风机的静压力用来提高空气的静压以克服管道的阻力。因此，对于无管道的轴流式风机，风机的静压力就是用来提高空气的静压，也用来建立风机正、背面的压力差。所以，如是装在侧墙上的排气风机，风机静压力就等于库内的负压，而侧墙上的进气风机，静压力就等于库内的正压。对于用于分配管的全部摩擦阻力和局部阻力（总称为损失压力），再加上库内的正压。

一般沿管道输送时要求的风机静压力较高，安在侧墙上的进、排气风机静压力可较低。

2. 离心式通风机

离心式通风机主要由叶轮、进风口及蜗壳等组成。当动力机带动叶轮转动时，叶道（叶片构成的流道）内的空气受离心力作用而向外运动，在叶轮中央产生负压，空气从进风口轴被吸入，吸入的空气在叶轮入口处折转 90%后，进入叶道，在叶片作用下获得动能（动压）和压能（静压），从叶道甩出的气流进入蜗壳，经集中、导流后，从出风口排出。离心式通风机主要用于正压式或联合式通风系统中的管道进气。与轴流式风机相比，离心式风机的全压力高，足以克服管道通风时空气的全部摩擦阻力。

三、气调贮藏库

气调贮藏是通过调节、控制贮藏环境中氧和二氧化碳的浓度，限制乙烯等有害气体的积累，抑制果蔬呼吸作用，延长果蔬成熟过程的贮藏手段，最终目的是延长果蔬寿命和贮藏保鲜。

（一）机械化气调贮藏库

气调库主要设施由保温并且气密性良好的库体和气体调节、测定系统组成。气体调节系统主要由制氮机（氮气源）和液态二氧化碳气源组成，通过库内气体调节系统的气体循环，将氧和二氧化碳浓度控制在规定范围内。制氮机有两种类型：一种是燃烧式，利用燃料燃烧消耗空气中的氧气；另一种是分子筛式，利用分子筛吸附方式将氧气从空气中分离。后一种类型目前应用较多。

当果蔬放入库内后，密封库门，开动制氮机，使氧气快速下降，同时补充二氧化碳，使其浓度逐渐增加，并根据不同果蔬的需要，调整库内氧和二氧化碳的含量。此种方法可用计算机控制，使果蔬自始至终都处在适宜的氧和二氧化碳浓度的环境中。控制条件越好，贮藏效果就越好。此种方法自动化程度高，管理方便，但成本高，且因气体循环或排气会造成果蔬失水，因此应注意在进气系统中加湿。

（二）机械冷藏库加塑料气调帐

塑料薄膜良好的气密性为果蔬气调贮藏开辟了降低成本的新途径。用塑料薄膜作封闭材料，既能达到气调贮藏对气密性的要求，又较气调库机动灵活，大小随便，也不受气压变化的影响，并且价格低廉。目前此种方法应用较多。一般将贮藏的果蔬装筐或装箱，堆成长方形垛或码放在架子上，采用0.1～0.2 mm厚的聚乙烯薄膜做成与果菜垛大小相符的塑料薄膜帐。贮藏时先在垛底或架底铺垫同样的薄膜，再码垛或放果菜架。产品摆放好后，罩上薄膜帐，将帐子周边与垫底薄膜的四边叠卷、压紧即可，塑料气调帐上还要预先做好调气口和采气口，密封后可将制氮机的出口与调气口连接，可循环调气（气调帐另设出气口与制氮机进气口相连），也可开放调气（出气口不与气调机连接而通向大气），为了能较快地将二氧化碳浓度升高到规定浓度，可直接通过调气口补充二氧化碳或放一定量的干冰，并停止调气。由于果蔬的呼吸作用，帐内二氧化碳浓度升高，氧不断下降。当氧降到规定的下限浓度、二氧化碳升到规定的上限浓度时就要再调气，使氧达到规定的上限浓度、二氧化碳达到规定的下限浓度，这样使帐内气体维持在规定的浓度范围内。

贮藏对二氧化碳较敏感的果蔬时，可在垫底薄膜上撒一层消石灰，用以吸收果蔬呼吸所产生的二氧化碳。对乙烯敏感果蔬，要在贮藏垛中夹放用饱和高锰酸钾溶液浸泡过的砖块或其他乙烯吸收剂，以吸收果蔬释放的乙烯。

（三）硅窗气调帐

硅窗是在塑料薄膜帐上镶嵌若干个用合成橡胶薄膜（二甲基聚硅氧烷，称硅酮橡胶，也称选择性扩散膜）做的"窗户"，此方法利用了合成橡胶薄膜比聚乙烯薄膜的透气性大（大 200 多倍）和合成橡胶薄膜选择性的透气作用（透二氧化碳比透氧快 3～4 倍）。依据贮藏果蔬种类不同，每个塑料帐或包装袋安放一定面积的这种窗户，就可起到自动调节帐内或袋内气体成分在适宜范围内的作用，一般贮藏过程中不再用人工调气。

（四）薄膜包装贮藏

薄膜包装贮藏是利用果蔬自身的呼吸作用来降低贮藏环境的氧气和提高二氧化碳浓度的一种方法，不需特殊的调气设备。它利用薄膜的低透气性，使包装袋内维持一定浓度范围的氧和二氧化碳，达到延长保鲜期的目的。薄膜包装有大包装和小包装之分，大包装一般 10～25 kg，也可做成塑料帐的形式，利用果蔬呼吸作用自然降氧进行贮藏；小包装最小的是单果包装，如柑橘、青椒等，目前广泛使用的小包装薄膜袋厚度为 0.04～0.06 mm，大包装为 0.1 mm。薄膜包装一般越小效果越好，但大量贮藏时小包装较费工。塑料帐简易气调和大包装袋简易气调贮藏期间要定时换气，以防止过高二氧化碳和超低氧环境对果蔬的伤害。薄膜包装除具有气调作用外，还具有保水作用，并有助于保护果蔬防止机械损伤。薄膜包装材料来源广泛，制造简单，保存方便，费用低。应注意的是薄膜包装贮藏一定要在适宜的温度下才能取得良好的贮藏效果，否则温度过高，易导致袋内缺氧，形成无氧呼吸，大大降低贮藏效果。

不同种类的果蔬对气调贮藏的反应不同，同一种类不同品种的反应也有较大差异，即使是适合于气调贮藏的果蔬种类，不同品种间适宜的气调条件也各有不同。因此，在应用气调贮藏时，首先要考虑需按贮藏的果蔬是否适宜气调贮藏，该品种的果蔬所需的气调贮藏的适宜浓度是多少，然后再依据果蔬自身的要求，选择适宜的材料、方法，创造其适宜的气体环境，以取得理想的贮藏效果。

四、冷藏库及主要设备

冷藏是在有良好隔热性能的库房中设置冷却机械设备，依据不同种类果蔬贮藏的要求，进行人工控制温度，给予果蔬适宜的贮藏条件的保鲜手段。冷藏可大大延长果蔬的贮藏寿命。其贮藏温度可人为控制，不受地区和季节限制，一年四季均可贮藏产品。还可根据不同果蔬的要求，调节、控制不同的贮藏温度，因此对果蔬适应范围大，可广泛应用于各种果蔬。但因其对库房保温防潮等条件要求高，建造费用较高；再加上要求制冷系统的配备，故投资较高。因此，在修建之前对地址的选择、库房的设计、制冷系统的选择和安装、库房的容量、附属部门的安排等都应仔细考虑，同时也要注意到今后发展的可能性。

（一）机械制冷的工作原理

机械制冷的工作原理是借助制冷剂在循环不已的气态液态互变过程中，把贮藏库内的热传递到库外而使库内温度降低，并不断移除库内果蔬所产生的热量而维持库内恒定的温度。冷藏库由于隔热和密闭性能好，对制冷剂产生的冷量起到最佳的保存效果，使冷气在库内发挥最大的作用。采后的新鲜水果、蔬菜继续进行生命活动，能量以热的形式释放出，释放量视产品种类和环境条件的变化而有不同。在冷藏库中，贮藏产品的呼吸热，由外界通过墙壁、天花板和地面传入库中的热，以及照明、电扇、工作人员活动所产生的热量等，都需要不断地排除以维持库内适当的低温，这些热量都是制冷系统的热负荷。

在制冷系统中，热的传递是靠制冷剂来进行的。制冷剂是热的传导介质，作为制冷剂的物质应具有下列特点：①沸点低；②冷凝点低；③对金属无腐蚀性；④不易燃烧；⑤不爆炸；⑥无毒无味；⑦价廉并易于测出。一般使用的制冷剂有氨、氯乙烷、氯甲烷、氟利昂-12、二氯甲烷、二氧化碳和二氧化硫等。

在制冷系统中常用的制冷剂有氨和氟利昂等。氨具有强烈的刺激性味道，易溶于水，与空气混合超过一定比例（16% ～ 25%）时遇火有爆炸的危险。用于制冷系统中要完全避免与水接触，否则会腐蚀金属管道。氟利昂是无爆炸性、不燃烧、无毒无味的制冷剂，大多用于小型制冷系统，如小型的低温室和冰箱之类。制冷剂在其蒸发过程中，必须从其周围吸收足够的热量才能够汽化，因此制冷剂汽化时就降低其周围环境的温度。

在制冷过程中制冷剂汽化后如果不回收，既不经济，而且污染空气，易引起危险事件的发生。

因此制冷剂是在一个密闭的机械制冷系统中不断经过蒸发汽化、压缩、冷凝液化等过程，重做到复循环使用的化学制剂。机械制冷系统由压缩机、冷凝器、膨胀阀、蒸发器及附属设备等组成。

压缩机将冷藏库内蒸发系统中的汽化制冷剂通过吸收阀抽到汽缸内，在汽缸中被压缩的气体制冷剂经过排气阀送到冷凝器，经过冷风或冷水吸去其热量，促使其凝结液化，而后流入到贮液器中保存起来。贮存的液态制冷剂通过膨胀阀进入到冷藏库蒸发器，液态制冷剂在高压的情况下通过膨胀阀之后，压力降低，在蒸发器中吸收周围空气的热量而汽化，从而降低冷藏库中的温度，汽化后的制冷剂再被抽回到压缩机中，完成一个循环。

在制冷的整个循环中，由吸收阀经压缩机、冷凝器、贮液器到膨胀阀部分，此段是高压阶段。由膨胀阀经蒸发器到吸收阀是汽化吸热过程，此段是低压阶段。冷藏库是靠蒸发器中制冷剂的汽化吸收周围空气的热量而降温的，因此制冷系统的蒸发器安装在冷藏库中。

（二）机械制冷系统的主要设备

1.压缩机

目前国内外机械制冷，特别是中小型制冷设备多采用活塞式制冷压缩机。其中，往复式压缩机具有效率高、使用温度范围广、工作稳定、维修方便等优点，它主要由汽缸体、汽缸、活塞、连杆、曲轴、曲轴箱、进排汽阀门、假盖等组成。

2.冷凝器

冷凝器是制冷系统中的热交换器，制冷剂过热蒸气在冷凝器中受冷却凝结为液体。冷凝器的种类很多，农产品冷藏和食品工业上常用的有卧式、壳管式、立式壳管式、水冷式、空气冷却式、淋水式和蒸发式等冷凝器。

3.膨胀阀

膨胀阀又称节流阀，它的作用是降低制冷剂的压力和控制制冷剂的流量。基本原理是高压液态制冷剂被迫通过一个适当流量的小孔，冷凝压力骤降为蒸发压力，与此同时液体制冷剂沸腾吸热，其本身温度降低。膨胀阀的形式有手动膨胀阀和热力膨胀阀两种。

4.蒸发器

蒸发器的作用是让制冷剂液体在低温低压下沸腾以吸收被冷却介质的热量。蒸发器可分为两大类，一种是以冷却盐水或水为载冷剂的蒸发器，如立管式蒸发器；另一种是冷却空气的蒸发器，称为冷风机。冷风机是一种冷却空气的设备，它是靠空气通过冷风机内的蒸发排管来冷却管外强制流动的空气，可分为落地式冷风机和吊顶式冷风机两种，在低温冷藏库和普通冷藏库中多采用这种装置。

（三）冷藏库的设计

冷藏库的建设要注意到库址的选择、冷库的容量和形式、保温材料的性质、库房及附属建筑的布局等问题，这些在设计时都应有比较全面的考虑。

1.位置的选择

冷藏库的贮藏量一般比较大，产品的进出量大而频繁。因此，一方面要注意交通方便，利于新鲜产品输送；另一方面要考虑到产区和市场的联系，减少果品、蔬菜在常温下不必要的拖延时间。要根据实际情况，权衡得失来选择一个适宜的位置。

库房以建在没有阳光照射和热风频吹的阴凉地方为佳。在一些山谷或地形较低、冷凉空气流通的位置较有利。冷藏库周围应有良好的排水条件，地下水位高、土壤潮湿对冷藏库都是不利的。

冷藏库建在地平面以下或在库房周围培土保温，并不是一个好的办法，因为在全年中冷藏库内空气温度比土壤温度低的时间长，而且空气通过冷藏库屋顶和墙壁的传热也比土壤的传热要小。通常设计时地下库用的保温材料厚度与地上库是一样的，经济上并不合算，而且地下库与外界的联系、操作管理也没有地上库方便。

2.库房的容量

冷藏库的大小要根据其经常贮存的产品的数量和产品在库内的安排方式而定。建立一个冷藏库，要根据常年贮藏的最高量设计建筑面积，偶然的特殊情况不能作为标准，否则会造成经济上的损失。

设计时，先要确定需要贮藏的容量。贮藏容量是根据需要贮藏的产品在库内堆码所必需占据的体积，加上行间过道、堆码与墙壁之间的空间、堆码与天花板之间的空间以及包装之间的空隙等，都要计算在内。确定整个冷藏库所需的容量（体积）之后，再考虑确定库形的长、宽与高度。例如现在要建立一个容量为 1 080 m³ 的冷库。首先考虑库的高度：如果过高，没有机械操作，产品堆码和取出都不方便，管理也有困难，故一般采取的高度为 4 m 左右，则 1 080/4=270 m² 就是库房所需要的地平面积。在这个面积上，再考虑冷库的宽度与长度，一般来说正方形在建筑上最经济，但如果库房过宽，库内必须有支柱以承受屋顶的重量，这不仅增加建筑材料，也影响库内的安排和操作的便利，在此取库宽为 12 m，则库长为 270/12 = 22.5 m。

设计冷藏库时，还要考虑到其他必要的附属设施，如工作间、包装整理间、工具存放间等所需的位置。冷藏库接收和发运产品最好要有一个装卸台阶，以提高工作效率。台阶的高度要与运输工具的底板面平行，使小型运载工具可以畅行无阻。

3. 保温材料

冷藏库建筑的另一个重要问题是设法减少热量传入到库内，这就有必要提供一种热阻障，即保温材料。保温材料的选择除了其重要的隔热性能外（导热系数小），还应具有下列特性：造价低廉易得；质量轻；不吸湿；抗腐蚀力强，不霉烂；耐火耐冻；便于使用；无异味；没有毒性；保持原形不变；不下沉；防虫鼠蛀食。

冷藏库保温性能可以利用加大墙体保温材料厚度的办法来提高。但增加保温材料厚度的费用超过制冷的维持费用时，增加墙厚就没有意义了。以软木板为标准，通常认为合适的墙壁保温材料厚度为 10 cm 左右，地板厚度为 5 cm 左右。其他保温材料的厚度，根据它们的阻热系数，可以推算出来。

4. 保温材料的敷设和保护

通常采用的保温材料有两种类型。一种是糠壳等松散颗粒状的材料，可填充于两层墙壁之间的空间中，但填充密度很难均匀，颗粒之间无固定联系，在重力影响下会逐渐下沉，造成冷藏库的上部空虚，形成导热渠道，增加制冷机的负荷。增补填充保温材料，会影响冷藏库的操作运行，也增加修补费用。另一种是软木、聚氨酯等，可制成板状或直接喷涂于墙壁上。

冷藏库是永久性的建筑，采用软木板一类的定形保温材料时，保温板的敷设要分层进行，第一层应用黏胶剂加上必要的钉子牢固地敷设在建筑物的墙壁、天花板和地面上，每块保温板块应与相邻的保温板块紧密连接，尽量减少两板块之间的间隙。第二层保温材料紧紧黏合在第一层保温板上，但两块保温板的接头位置不要重复在第一层保温板的连接线上，应交互错开，减少传热的通道。

保温材料的敷设应当使保温层成为一个完全连续的整体，不要让隔栅、屋梁和支柱等建筑结构混到保温层中，以防隔断阻热层的完整性，形成传热渠道。

保温材料中要防止水汽的累积，保温材料内部水汽的凝结会降低隔热效应。在蒸气压内外有差异时及毛细管的作用下，空气中的水蒸气能够通过建造材料如砖块、木材等由外表渗入到墙壁中。湿度愈向内进就愈低，蒸汽逐渐达到饱和，凝结为水，积留于保温层中，降低保温材料的阻热性施，并且损坏保温材料。因此，在保温材料的两面与建筑材料之间要加一层阻障，封闭水汽进入的通道。用于阻障的材料有塑料薄膜、金属箔片、沥青胶剂抹灰、树脂黏胶保温材料等。不管用哪类防水汽材料，敷用时要注意完全封闭，不能留有微小缝隙，特别应注意温度较高的一面，如果只在保温层的一面敷设防水汽层，就应当敷设在保温层温度通常比较高的一面的外表面上。

5.冷藏库的地面

果蔬冷藏库一般维持的温度为 -2 ～ 0℃，而地温经常在 10 ～ 15℃之间，在这种情况下就有一定的热量由地面不断传入到冷库中来，增加制冷系统的热负荷。为了减少这种热负荷，通常在地面采用相当于 5cm 厚软木的保温层。

地面要有一定的强度以承受堆积产品的重量和搬运车辆的运行。采用软木板作保温材料时，其上下须敷 7 毫米厚的水泥地面和地基，地基下层铺放煤渣、石子以利排水。

第十二节 蔬菜尾菜处理机械

尾菜是新鲜蔬菜必须去掉的残叶，俗称为烂菜叶子。很多城市都会受到尾菜的影响，平均一棵白菜就要废弃一斤左右的菜叶及根，大概一亩地就会产出数吨垃圾尾菜。农民只得丢弃。造成环境的污染。问题还远远没有结束，蔬菜在菜市场中需要运输加工，因此在市场上也有很多尾菜产生，也就是说之前被处理过的一棵白菜还要再进行二次乃至三次的加工去除。

夏菜在分选、包装、净菜加工等商品化处理过程中产生的大量尾菜，因缺乏经济适用的处理技术，大量堆积于田间地头、道路旁边、沟渠内，进而发生腐烂变质，造成污染。目前解决"尾菜"的办法只有传统的蔬菜尾菜沤肥法，需要采用压榨机对尾菜进行处理。

特制螺旋压榨机是根据意大利技术单螺旋压榨机改进而成，并获得发明专利。特制螺旋压榨机又称变径螺旋压榨机，物料不同，机器内部螺旋曲线也不相同，主要通过螺旋内部的曲线变化来完成物料的压榨脱水工作。

1.出料具有连续性，四周出料（双螺旋压榨机也是四周出料方式）。

2.压榨过程中对物料有拧碎作用。

3.适用于颗粒度 2 mm 以上，10 mm 以下的物料（流质物料最为适合），颗粒度越小脱水率越高。

4.筛桶缝隙最小可做到 0.2 ～ 0.3 mm。

5.适用范围广泛，几乎囊括了很多有需要"固液分离"工艺要求的行业。

6.压榨机筛网具有自清洗功能，不易被堵塞。

7.结构简单、高扭力低噪音无振动，易损件少，维护费用低。

8.304不锈钢梯形滤网强度高，耐磨耐用耐腐蚀，使用寿命长，过滤性能好。

第十三节 露地甘蓝全程机械化生产技术

一、概述

露地甘蓝全程机械化生产技术以顶层设计为基础，着力解决我国北方露地甘蓝机械化生产过程中农艺技术要求、农机装备配备、园区地块整体规划设计三方面问题，涉及不覆膜平畦移栽与小高畦覆膜移栽两种种植模式，涵盖了集约化育苗、耕整地、撒施肥、移栽、田间管理、收获、采后废弃物处理七个环节的机械化技术，其中耕整地、集约化育苗、机械化移栽、机械化收获为主体技术。

二、露地甘蓝全程机械化生产技术要点

露地甘蓝全程机械化生产技术包括七大环节二十六个技术节点，重点环节为耕整地、育苗、移栽和收获，具体技术要点如下。

（一）翻耕整地

1.地块准备

对于新增菜田，需要准确测量坚实度、平整度等原始地块基本参数。

2.激光平地

对于基础条件较差、颠颇不平的地块，先开展激光平地作业，以原始耕地情况为基础，在保持土方量一致、减小耕层破坏、满足排涝要求三个限制条件下，优化形成最佳激光平地方案，采用激光平地机，调整倾斜角度，开展水（斜）平面激光平地作业，保障菜田在同一水（斜）平面。

3.深松、旋耕、镇压等作业

保证开展耕整地作业后，耕作层碎土率≥85%，尤其要实现表土细碎，以便于机械化移栽。

4.起垄

对于小高畦覆膜移栽，选用起垄机开展作业，垄顶宽60 cm，垄底宽75 cm，垄沟宽25 cm，垄高15 cm，保证起垄笔直，垄形整齐。

（二）育苗

采用集约化育苗方式。

1. 种子选择

在适宜当地露地种植的甘蓝品种中综合选择耐抽薹、丰产性好、结球相对紧实、开展度小、短缩茎较长、不宜裂球的甘蓝品种作为主栽品种，保证种子纯度及发芽率。

2. 穴盘选择

采用吊杯式移栽机开展移栽作业，建议采用 72 穴左右的苗盘进行育苗；采用链夹式移栽机开展移栽作业，建议采用 105 穴左右的苗盘育苗。此外，应注意国内外部分移栽机移栽作业对育苗环节有其他方面特殊要求，如洋马全自动移栽机需配专用苗盘。

3. 播期选择

按照种植甘蓝品种要求及拟定的移栽日期倒推播种日期，适当早播，合理安排炼苗。

4. 设备选择

年育苗量在 200 万株以内可选择手持式气吸播种器开展播种作业；年育苗量在 200 万～ 2 000 万株，可选用育苗播种机开展播种作业；年育苗量稳定在 2 000 万株以上，可根据实际生产需求，选配育苗播种流水线。管理过程中选配移动苗床、育苗喷灌车、增温设备、运苗车等。

（三）移栽

1. 栽期选择

在保证气温及地温的前提下，根据品种特性及市场需求，合理安排茬口。在北京地区及外埠基地集成示范过程中，采用一年两茬栽培，春茬选用早、中熟品种，冬春育苗，春栽夏收；秋茬选用中、晚熟品种，夏季育苗，夏秋栽培，秋冬季收获。

2. 秧苗要求

四叶一心，全株高 15 cm 左右，整齐度好，土坨紧实，植株粗壮。

3. 设备选择

一种是小高畦覆膜移栽，采用吊杯式移栽机，有助于增温保墒。一种是不覆膜平畦移栽，采用链夹式移栽机，作业效率较高。移栽、田间管理、收获环节农机作业过程中，在统一动力设备的基础上，选配北斗卫星自动驾驶系统，保证农作物之间的行间距准确，降低人工驾驶技术需求的同时大幅度提升作业质量和效率，收获、管理过程中保证轮胎压在移栽时拖拉机轮辙上，不压菜、不伤菜。

4. 作业质量要求

平均漏苗率≤ 5%，平均裸根率≤ 3.5%，平均埋苗率≤ 3.5%，栽植秧苗合格率≥ 95%，安装北斗卫星自动驾驶系统后，每百米偏移距离≤ 2.5 m。

（四）收获

1. 甘蓝收获前，准备甘蓝收获运输专用筐（平均装载甘蓝 40 kg 左右）、专用辅助割刀，作业前人工收获开辟作业通道，循环成圈作业或往复循环作业。

2. 采用甘蓝收获机进行甘蓝收获时，要选用适宜长度的输送带，调整圆盘切割器至适宜高度，保证既不切碎甘蓝球体，又不铲土，平均每台收获机配备四至六人进行切割外包叶及筛选作业。

3. 作业质量应达到甘蓝破损率≤ 3%，收获效率为每小时 25 000 株。

第八章 农业机械标准化

第一节 农业机械标准化的重要作用和意义

进入21世纪以来，我国农业机械化进入了发展速度不断加快，发展质量不断提高，发展领域不断拓宽，发展机制不断完善，农机农艺更加协调的时期。农业生产方式由依赖和占用人力资源向依靠科学技术和现代农业装备转变，农业机械化生产方式由原来的次要地位转化为主导地位。在这一时期，农业机械发展不仅仅注重量的积累增长，还更加关注农业机械质的变化和应用技术的提高。农业机械标准化是在紧密结合农业机械及农机化发展、总结农业机械生产和使用管理实践经验的基础上，为了获得最佳秩序，对实际的或潜在的农业机械和农业机械化问题制定共同使用和重复使用条款的活动，是现代机械化技术和现代管理技术的有机结合，具有科学、统一、规范的特点。农业机械标准化在推动农业机械化转入依靠科技进步和提高劳动者素质的轨道，提高农机产品的先进性、适用性、安全性、可靠性，提高农机技术状态和使用效率，降低消耗，提高效益，让广大农民从农业机械标准化发展中获取更多的利益等方面具有十分重要的作用和现实意义。

一、农业机械标准化的重要作用

农业机械是农业生产的重要工具，是农业生产力的重要因素，农业机械化的发展实质上是一场生产手段的技术革命。农业机械装备突破了人畜力所不能承担的农业生产规模的限制，机械作业满足了人工所不能达到的现代科学农艺要求，改善了农业生产条件，提高了农业劳动生产率和生产力水平，为扩大农业生产规模，提高农产品品质及保障农产品质量安全，为形成规模化、专业化、商品化生产提供了可能。特别是在抢农时、抗灾减灾、扶贫济困等方面，农业机械的作用更是不可替代的。20世纪末，美国工程技术界把"农业机械化"评为20世纪对人类社会进步起巨大推动作用的二十项工程技术之一，这一评价客观地反映了农业机械化在经济社会发展中的重要地位。标准化的农业机械作为农业机械装备新技术研究成果得以有效实施和推广的关键载体，对于提高粮食综合生产能力，保障国家粮食安全，促进农业产业结构调整，加快农业劳动力的转移，逐步发展农业规模经营，发展农村经济，增加农民收入加快现代农业建设进程，提高农产品市场竞争力都具有重要的作用。

（一）农业机械标准化是促进农机推广应用的重要基础

根据农机技术推广的原则，所推广的农机技术必须可靠适用，农机技术的可靠性当然也包括应用于该项技术的农机具的可靠性，为了使农机具的可靠性得到保证，就必须运用标准化的方法来组织农机具的设计和生产。简化是标准化的基本方法之一。在机具设计过程中，在满足性能和可靠性要求的情况下，简化结构，降低农机具的复杂程度，必然能够减少故障提高可维修性。特别是农机具的使用对象是科技文化水平相对较低的农民，只有结构简单性能可靠、操作及维修方便的农机具，才容易被农民所接受。通用化和组合化也是标准化方法的组成部分之一，在标准化工作中占有重要地位，农机具零部件通用化，可以合理简化品种规格，用较少的品种规格有效地满足多方面的使用要求。品种规格简化后，生产批量相应加大，便于组织专业化生产，从而提高产品质量，提高生产率，降低成本；并且也减少从设计到生产的重复劳动，节省费用。例如，收割机的切割部分，采用通用的割刀，可用于全喂入收割机，也可用于半喂入收割机，由专业厂统一生产，收割机生产厂商不论生产哪种类型的收制机，配通用割刀，就不用对割刀部分的设计和生产进行重复劳动，从而节省费用，降低成本，提高产品质量；另外通用化程度的提高，还便于维修。例如，收割机采用了通用割刀，即使在收割大忙季节，发生割刀损坏，也可以方便地进行更换，以免耽误农时。组合化则是两个或多个具有特定功能的单元，按预定要求，有选择地结合起来，组成一个具有新的功能体。例如，拖拉机挂接旋耕机，可进行耕作，与收割机联接，可进行谷物收割作业，若再配上秸秆粉碎机具，还可以同时进行秸秆粉碎还田等。通过组合有效地提高了农机具的利用率，扩大了功能，适用性广，相对减少了投资，符合农机技术推广的目的要求。因此农机具的标准化促进了农机技术的推广应用，农机技术推广离不开农机具的标准化。

（二）农业机械标准化是加快农机科技成果转化、提高农机装备科技含量的重要平台

建设现代农业实质上是加快农业生产力发展的过程，是依靠农业科技持

续创新，并且不断把科技成果转化为现实生产力，推动农业发展的过程。近十几年来，国家及地方有关部门加大了农业机械化关键技术和装备研制开发的扶持力度，推动了农业机械化部分瓶颈环节技术和技术集成问题的解决。水稻种植和收获机械化、玉米收获机械化、稻麦跨区收获机械化、垄作区保护性耕作、高效施药、机械化挖掘收获、现代高效设施农业工程、牧草生产与草场生态恢复机械化、营林机械化等关键技术和装备研发取得突破并日臻成熟，激光平地机、旋耕机、水稻乳苗地秧机等一批科技含量高、适应性强、性能稳定可靠的农业机械化新技术、新机具得到大面积推广应用。在农机装备推广应用的过程中，离不开农机产品的质量要求、质量评价、作业质量、安全监理、技术推广、维修质量等标准。实际上，农机标准化本身来源于科技创新，同时也是将科技成果转化并应用于农业的过程。譬如，通过农机作业质量标准的制定与实施，规范了农机的作业质量指标、检验方法和检验规则，并注重各生产环节标准的相互配套，促进了农业产业链的有效连接，可不断提高农业生产的科技含量，提高农产品的产量和质量，降低农产品生产成本，促进农业优质高效和可持续发展；通过制定与实施农机新产品质量评价规范标准，使得一批科技含量高、适应性强、性能稳定可靠的农业机械得以尽快通过鉴定，进而得到推广应用。农业机械化标准已成为农机化科学发展的重要支撑和技术前沿，成为全面提升农机化发展质量的技术依据。

（三）农业机械标准化是提高农民素质、培养合格农民的助推剂

提高农民素质，是一项利在当代、功在千秋的伟大事业，是一项需要各级部门和社会各个领域积极配合、广大农民积极参与的系统工程。尤其是在推进工业化、城镇化和现代农业同步发展的进程中，如何提高农民素质，把他们培育成为适应工业化、城镇化和新农村建设需要的新型农民，是事关统筹城乡发展和全面建设小康社会全局的一个重要课题，是解决好将来中国谁来种地、如何种地、能否确保国家长治久安的关键。据不完全统计，随着城镇化、工业化加速推进，失地农民不断增加，目前，农民承包土地中自己耕种的仅占到一半以上，委托代种或者转租的占到 20% 左右，其他情况占到27% 以上。为了确保粮食安全，在优化我国农业结构和统筹利用国内外两个市场及两种资源的同时，必须逐步提高农民素质，让合格的农民、专业的农民种地。农业机械标准化可以让农民在用得起，用得上、用得顺农机作业机具的同时，通过日常学习、了解、掌握农业机械化相关标准，潜移默化地掌握应知应会的科学知识，提高标准化生产、经营、维护及保养等方面的技能；增强市场、法律、科技、质量、效益等现代农业意识；农业机械化标准成为

提高农民素质、培养新型农民的一种重要的社会化教材。

二、农业机械标准化的重要意义

多年来实践表明，农机标准化不仅是农业生产增加产量、改善质量、提高效益的重要措施，而且对建设现代农业、增加农民收入、发展农村经济、确保农产品质量安全都具有十分重要的意义。做好农业机械标准化工作对强化农业机械质量工作、保障农业机械化安全生产、提升农业机械化效益、促进农业机械化又好又快发展、推进现代农业建设同样具有十分重要的意义。

（一）加强农机标准化工作是推进农业现代化的客观要求

当前，我国农业机械化已经进入快速发展阶段。随着国家一系列强农惠农政策的实施，特别是农机购置补贴力度的不断加大，农民购机、用机积极性高涨。新形势、新任务对农业机械标准化工作提出了新的更高的要求。加强农业机械标准化体系建设，推进农业机械标准化规划的实施，为建设现代农业、发展农业机械化提供了更强有力的技术支撑，是提升农业机械产品质量、作业质量、维修质量和服务质量，促进农业机械化科学发展、安全发展、和谐发展的迫切需要，是建设现代农业的客观要求。

农机标准化将先进技术和组织管理等方面有机地联系起来，促进农机与农艺紧密结合，加快农机化技术成果的转化，有利于农业生产按照自然规律和经济规律有序进行，实施农机标准化，将有力地推动作物种植规模化、生产基地化、管理规范化，加快农业机械化、精准化、集约化进程，提升农业现代化水平。国内外的发展已经证明，只有发展以农业机械标准化为标志的现代农业，才有可能为农产品生产跃升创造基础条件，只有依靠以农业机械标准化为基本载体的农业科学技术的集合，才有可能保持农产品生产积极向上的动力。

（二）加强农机标准化工作是实现农产品质量安全的重要保证

农业机械是能够长期重复使用的农业投入品，其性能、质量和使用方法影响着农产品质量安全，农业生产作业机械的影响作用尤为直接。高性能作业机械的规范使用将有效地减少农药的使用量和残留量；动力机械质量性能的提高和秸秆还田机械的推广应用，有利于减少因燃油滴漏、尾气超标排放及秸秆焚烧带来的农田污染，改善生态环境。同时，标准化的农业机械增强了防灾抗灾能力，能防止因自然灾害造成的农产品质量下降。因此，实施农机标准化，对发展区域优势农产品，确保农产品质量安全具有很大的促进作用。

（三）加强农机标准化工作是促进农民增收、农业增效、降低生产成本的有效途径

农业机械化的发展促进了农业的节本增效，将农机科技成果转化为规范的农机作业和生产管理标准，有利于加快先进适用的农机化技术得以大面积推广应用，有利于促进农业生产的规模化、标准化、集约化和产业化，有利于提高劳动生产率、土地产出率和资源利用率，从而改善农民生产生活条件，降低农业生产成本，实现农业增产、农民增收。同时，农机标准化也是提高农机产品质量，切实保护农机消费者利益和确保不误农时搞好农业生产的有效措施。

（四）加强农机标准化工作是提高农产品市场竞争力的重要措施

随着国际经济一体化的发展，面对国际和国内两个市场的激烈竞争，要求我国农业在品种、技术、生产方式上与国际接轨。但是，由于农业机械化标准工作起步较晚、投入不足、基础性研究薄弱，导致农业机械化标准协调配套性不强，有些领域、环节的标准尚属空白，不能满足农业机械化发展的需要。目前我国农机化水平、劳动生产率、土地产出率和资源利用率整体不高是制约我国农产品市场竞争力的主要原因之一。然而，随着现代农业的发展，农业生产方式发生了很大变化，各种农业新技术层出不穷，与之相配套的新型农机具也应运而生，并在农业生产中发挥了重要作用。但是，由于缺乏新机具使用的技术标准，新机具的生产潜能不能充分地发挥出来，有的还存在安全隐患。通过实施农机标准化，推广普及适用于保护性耕作、旱作节水、土地深松、精量播种、化肥深施、高效植保、设施农业和农作物秸秆综合利用等的农机化技术和装备，是提升我国农产品市场竞争力的当务之急。

第二节 农业机械标准化体系建设

近十年来，特别是《中华人民共和国农业机械化促进法》公布实施以来，农业机械标准化体系建设取得了长足的进步，农业机械标准化范围向重点机具、主要作物、关键环节拓展，农机鉴定、监理、推广、维修等领域的标准得到不同程度加强，基本形成了一个以国家标准为龙头、行业标准为主体、地方标准为支撑的农业机械标准化体系，基本满足了农业机械生产、服务和管理需求，为促进农业机械化又好又快发展、建设现代农业做出了应有的贡献。

一、农业机械标准化体系建设状况

（一）我国农业机械标准化体系建设状况及特点

1.我国农业机械标准化体系建设发展简况

农业机械标准化体系建设步伐与农业机械化的发展紧密相连，是农业机械化发展到一定阶段的重要标志之一。农业机械标准化体系包括农业机械产品标准分体系和农业机械化标准分体系两部分，体现出农机生产和农机运用的关系。农业机械产品标准体系是指导农业技术、工程技术、环境技术、信息技术集成应用于农机产品的重要载体，农业机械化标准体系是指导农业机械化标准的有序有效建设、引领农机事业又快又好发展的技术基础。新中国成立以来，在党和政府领导下，我国战胜各种困难挫折，探索前进，开拓创新，取得了多方面的成就和历史性的进步，开创了一条中国特色农业机械标准化发展道路，实现了由初级发展阶段向中级发展阶段的跨越。中国特色农业机械标准化发展道路为提高我国农业综合生产能力，保证农业机械性能质量，保障农业机械化安全生产，提升农业机械化效益，促进农业机械化健康发展作出了重要贡献。

新中国成立初期，根据农业机械化发展的需要，在20世纪50年代末到60年代初陆续颁发了一批标准，基本上参照苏联标准。1965年后，结合中国在农机科研设计、生产和使用方面的经验，进入了制订中国标准的阶段，70年代初，为解决农业机械产品型号杂乱、零部件互换性差、产品质量不高等问题，结合主要产品整顿和系列设计，以防乱、治乱、提高产品质量为中心，制定了一批国家标准和部颁标准。1981年以后，农业机械标准化工作转入以采用国际标准为中心，使标准的数量和水平有了较大的增长和提高。

改革开放三十年来，顺应改革需要和时代发展，农机标准化由单一品种到全面覆盖，从强调数量到重视技术内容，标准数量和质量取得了长足进步，标准体系日趋完善。进入20世纪90年代后期，随着中国加入WTO，国家对标准的研究和制定、修订工作越来越重视，农业机械标准化工作得到了更加蓬勃的发展。一方面，研究制定了一些行业急需的标准，同时开展了一系列农机标准的基础研究项目，另一方面，从行业发展和标准化现状出发，对农业机械标准化体系的建设规划进行了深入的研究，用于指导农机标准的有序、有效建设。2004年颁布实施的《中华人民共和国农业机械化促进法》明确规定："国家加强农业机械化标准体系建设，制定和完善农业机械产品质量、维修质量和作业质量等标准。对农业机械化产品涉及人身安全、农产品质量安全和环境保护的技术要求，应按照有关法律、行政法规的规定制定强制执行的技术规范",将农业机械标准化纳入了法律框架内,使其拥有了更广阔的发展空间和机遇。

农业机械产品标准制定借鉴较早制定的国外工业国家标准,标准基本覆盖了农机产品的各个门类,已经形成了比较健全的农机产品标准体系。农业机械化标准可借鉴的技术经验少,整体上滞后于农机产品标准发展。近年来,特别是《中华人民共和国农业机械化促进法》公布实施以来,农业机械化标准建设取得了长足的进步,农业机械化标准范围向重点机具、主要作物、关键环节拓展,农机鉴定、监理、推广、维修等领域的标准得到不同程度的加强,新制修订农业机械化标准近 300 项。这些标准涉及耕作机械、种植施肥机械、植保机械、田间管理机械、收获机械、场上作业机械、贮存机械、农副产品加工机械、排灌机械、畜牧机械、温室大棚设施及养殖机械及相关机械化作业、维修、安全、农机鉴定、管理等,初步建立了比较系统的农业机械标准化体系。

2. 我国农业机械标准化体系发展的特点

农业机械标准化对象涉及农业机械、农业种植、施肥、植保、田间管理、收获、排灌畜牧、园艺等农产品生产和贮存加工的各个领域以及农机生产、销售、使用、鉴定、推广、监理、培训和维修等各个环节,这些标准在我国农业机械制造业和农业生产中发挥了重要的作用,不仅为保障农民人身安全奠定了基础,也为维护市场经济秩序提供了技术支撑,同时作为经济结构调整的技术手段,促进了农业机械制造业不断适应我国农业产业结构发展的需要,推动了新技术、新农艺和新装备的推广应用,提升了农业机械制造企业在市场上的竞争力,现阶段农机标准化发展主要有以下几个特点。

(1)越来越注重农机产品和作业的安全性规范

针对我国传统的农业机械产品只注重"能用"而忽视"安全",从而导致部分产品存在先天的设计缺陷,易发生安全事故的状况,2001 年国家开始陆续修订发布 GB 10395《农林拖拉机和机械安全技术要求》系列标准,GB 10396《农林拖拉机和机械安全标志和危险图形》等十多项国家强制性标准,对数量大、使用面广的农业机械产品提出了科学、合理和可操作的安全设计、制造等方面的要求,有效地遏制了恶性事故的发生;2009 年又参考相应的国际标准进行了第二次修订,对一些关键性的安全要求进行了细化,并增加了安全措施的判定和试验规范等内容,增强了标准的可操作性,规范了农机产品的生产,为企业和行政执法部门提供依据;此外,在制定、修订的大部分农业机械行业标准中,或合理引用规定了安全要求的强制性标准,或有针对性地规定产品的安全技术要求。这些标准的颁布实施,引导了农业机械的设计和生产，推动了农业机械的结构优化，淘汰了不符合安全要求和市场发展趋势的生产技术和生产方式。譬如，在旧农机产品上的一些容易导致人身伤亡事故的运动部件包括裸露的传送皮带和传动链等，在新型农业机械中已经大大减少，而刀片、齿轮及滚筒等手脚容易触及的部件则增加了防护装置，不仅保证了农机手和其他作业人员的人身安全，并最大限度地减少了造成人身伤害和危险事故的可能性。

（2）自主性创新成果的转化和应用增多

作为科技创新成果转化的途径，农机标准的制定、修订和实施推动了新技术、新农艺和新装备的推广应用。农业机械行业的科技创新性成果通过标准的作用，可以较好地实现各生产要素及其组织管理的优化，降低成本，提高效益，优化产品功能，从而使科技创新成果转化为优势产品被迅速地推广应用。尤其是农业机械制造业，在最近几年中取得了一系列创新性的科技成果，而与这些成果相对应的国家或行业标准的研究与制定，则有效地实现了自主创新成果向技术标准的转化，并在促进科技成果产业化方面发挥了应有的作用。例如 GB/T 20790—2006《半喂入联合收割机技术条件》国家标准的研究制定和颁布实施，对"智能化多功能水稻联合收割机"这一科技创新成果的产业化拳头产品——中农机 503 型半喂入式水稻联合收割机的推广应用起到了重要的推动作用。该产品被国家列入重点推广产品，在包括江苏、湖北、湖南、安徽、吉林、辽宁、河南和山东等粮食主产区得到广泛应用。2007 年颁布实施的 GB/T 20865《免耕施肥播种机》则对于促进科技成果"气力式玉米免耕侧深施肥精播机"的产业化，使其成为一项农民能够掌握的技术，从而大面积推广应用保护性耕作技术，起到了关键的作用。

近几年来，农机市场上不断涌现出许多新技术新装备，产品更新换代的步伐不断加快。

新技术和新产品大量应用于我国的农业生产，极大地促进了农机产品的升级换代，使我国农机产品的构成发生了很大的变化，产品档次也逐步提高。而以新产品为导向，密切跟踪新产品和新技术成果所制定、修订的一系列国家和行业标准，对于促进科技成果转化为生产力，具有重要的意义。自主性科技创新成果转化为技术标准，不仅有利于提高标准的技术含量，也有利于促进科技成果转化为生产力，是实现科技研发与科技标准协调发展的重要策略之一。

（3）对国际标准和国外先进标准的采标率大幅度提高

为了提高我国标准的技术水平，与国际接轨，增强我国在国际贸易中的竞争力，国家标准委在九五末期下达了《"十五"期间 150，IEC 国际标准化转化计划》，其中，与农业机械标准相对应的国际标准是由 ISO/TC 23（拖拉机及农林业机械设备技术委员会）归口管理。

（二）国际农业机械标准体系的现状与发展趋势

1. 国际农业机械标准体系发展的现状

世界各国实现农业机械化的时间有所不同。美国、加拿大、法国、英国、德国、澳大利亚等发达国家在 20 世纪 40 至 60 年代相继实现了农业机械化生产，随后根据农业发展的需要和当代科技发展的水平，继续向大功率、复式作业、精准化和满足可持续农业要求的方向发展。综观发达国家的发展，虽然各国在建设现代化农业的道路和技术路线的选择有所不同，但都无一例外的是先实现农业机械化，进而实现农业现代化。以美国为代表的经济发达国家，在 20 世纪初开始推行农业机械化，于 1940 年基本实现机械化，其他国家先后在二次大战后的 1950 年代基本实现机械化。目前美国的农业生产，除烟草、上市的新鲜水果（做罐头的水果，有些农场用机器采摘）、蔬菜等生产使用手工劳动较多外，其余各种主要农产品的生产，如小麦、玉米、棉花、大豆、水稻等，从田间或非田间、种植业或畜牧业、养殖业的整个生产过程，几乎全部机械化作业，并且农业生产的组织执行管理全过程推行自动化、工厂化技术。一些发展中国家如泰国、印度、菲律宾及南美的一些国家，也在加快本国的农业机械化步伐，积极采用拖拉机配套农业机械化行耕整地、播种、收割、机械排灌、手动与机动植保机械防病虫害、机械脱粒等作业。但总的看来机械化水平还较低，只相当除美国外其他经济发达国家 20 世纪 50 至 70 年代初期的水平。

国际农业机械标准化活动始于美国农业工程师学会于 1909 年召开的农业机械标准化会议，并于 1926 年颁布《拖拉机动力输出轴标准》。美、英、法、日、俄、德等国都随着本国农业机械化的发展，形成了各具特点的农业机械标准体系。国际标准化组织（ISO）于 1970 年成立了 TC23，设 SC2，SC3，SC4，SC6，SC7，SC13，SC14，SC15，SC17，SC18，SC19 等几个分技术委员会，分别负责农林拖拉机和机械的名词术语、一般试验、操作者的安全和舒适性、操作控制装置和操作符号、标示以及各类农业机械的标准制定；于 1949 年成立的内燃机技术委员会（ISO/TC70），下设十二个工作组和两个分技术委员会（SC7 和 SC8），负责内燃机名词术语、性能、试验以及燃气轮机标准的制定。欧洲标准化委员会（CEN）农林用拖拉机和机械（TC144）负责欧洲农业机械标准的制定、修订，其制定的很多标准都是欧盟国家统一的法令和标准。此外，联合国粮食与农业组织（FAO）农业工程部（FAO-AGSE）以及世界卫生组织（WHO）等也分别制定、修订一些与卫生安全相关的农业机械类标准，如植保机械标准等。

2. 国际农业机械标准化体系发展的特点

（1）注重安全性是国际农业机械标准的共性

ISO/TC23/SC3（操作者的安全与舒适）是专门制定安全性标准的，而其他 SC 制定的标准中也都突出了安全性的内容。ISO/TC23 发布的标准中涉及安全、工作环境条件、排放、噪声及振动等方面标准占总数的 20% 左右。国外其他发达国家如美国、法国等的农业机械标准中在产品制造、使用方法和技术等各个层面，尤其是其中涉及人身安全和环境保护等方面，均进行了详细而全面的规范。

（2）重视高科技在农业机械标准化中的应用

随着科学技术的进步和现代农业发展的需求，国际标准化组织也越来越重视高科技在农业机械标准化中的应用，ISO 新成立的 TC23/SC19（农业电子技术）分技术委员会的工作内容就是与现代计算机技术相结合，为实现农林拖拉机和机械范围内信息交流与处理、数据交换系统及标识系统的标准化，制定与其有关的硬件软件标准，最终实现信息技术系统和设备的标准化，在全球发展精准农业，大大提高农业生产现代化的水平服务。

（3）充分发挥标准化的作用

加快新产品开发，提高产品质量和服务水平。美国、法国等农业发达国家充分运用标准化手段，加快新产品开发，提高劳动生产率，提高产品质量和服务水平，促进生产的社会化和服务的社会化。生产企业在新产品开发中，尽可能地采用标准件、通用件，运用组合化的原理，采用标准化的计算机辅助设计（CAD）技术，从而大大缩短新产品的设计、试验周期，快速适应市场需要。农机整机生产企业大多以组装生产为主，一台拖拉机、联合收割机并非一个企业独立生产出来，而是由几个甚至几十个企业分工协作的结果，主机厂只是发挥自身优势生产部分零部件，多数零部件在标准化的保证下靠外部协作供应，从而保证它们之间尺寸和功能的统一协调和互换配套，保证整机的性能质量。

二、我国农业机械标准化体系的主要内容

（一）指导思想

农业机械标准化体系的建设要以科学发展观为指导，紧紧围绕提高农业机械化装备水平、作业水平、安全水平、科技水平和服务水平，促进现代农业建设的目标，遵循标准化规律，着眼市场需求，坚持政府推动，构建以国家标准为龙头、行业标准为主体、地方标准为支撑的农业机械标准化体系，

基本满足农业机械生产、服务和管理的需求，促进农业机械化又好又快发展，为建设现代农业作贡献。

（二）体系框架

农业机械标准化体系是具有内在联系的标准遵循一定规律组成的技术系统，体现了农业机械标准和农业机械化标准的秩序，是标准制定、修订工作的蓝图和技术导向，构建标准体系是开展标准化工作的必要前提。标准体系框架体现着标准的分类，其每一层次都是共性特征的提取，每一标准类型都有其特定的内涵和外延。"共性特征提取"要反映某一领域的标准化特性，要把握好理论分析与现实需求、科学性与适用性的关系，农业机械标准化体系，既要符合标准化规律，也要符合农机化发展规律，这一体系应系统、全面、具有针对性。构建农业机械标准化体系框架应从标准的定位、标准化对象和各类型标准的相互关系研究入手，充分体现农业机械产品服务的特征，并在农机化发展实践中予以调整和充实。农业机械标准化体系框架应基本包含农机及农机化技术标准、管理标准和工作标准等体系，涉及农机工业基础、农机产品、技术运用、农机试验及鉴定、性能评价、作业服务、维修服务、安全管理等环节和领域，区分基础标准、产品标准、设计标准、接口标准、检验和试验标准、维修质量标准、质量评价标准、作业质量标准、推广鉴定标准、信息采集标准机具匹配标准、节能减排标准、安全标志标准、安全运行标准、质量监管标准等标准类型。

下面重点解析几个领域的标准化内容。

1.农业机械（田间或非田间、种植业或畜牧业、养殖业）系列标准化

农业机械系列标准是评价产品质量和技术水平的基本依据，是产品开发、研制、生产、销售整个过程中不可缺少的技术文件，是产品进入市场的基准，也是国家各级农机管理和质量监督检测机构依法行政、组织农机推广和监管农机市场的重要依据。通过标准化，产品制造者可以大幅度缩短产品研制周期和节省大量研制经费，同时可以改进产品质量，提高产品安全性、通用性和可靠性；通过标准化、产品使用者可以提高生产效率，保护生态环境和节省资源，从而取得巨大的社会效益和经济效益。

（1）农业机械系列标准化的范围和分类

农业机械系列标准化的对象，包括农业生产的各个部门和各个环节，包括使用机械代替人力、畜力以提高效率和质量或完成人力、畜力做不到的工作的广阔的领域。

广义的农业机械标准包括田间或非田间、种植业或畜牧业、养殖业等领

域的机械装备标准，具体可分为：

①种植机械标准；

②畜牧机械标准；

③果树园林机械标准；

④农产品加工机械标准；

⑤渔业机械标准；

⑥农业动力和运输机械标准等。

狭义的农业机械标准是指为了保证产品的适用性，对进行田间或非田间作业的农业机械必须达到的某些或全部要求所制定的标准，主要包括：

①农田基本建设机械标准；

②土壤耕作机械标准；

③播种、栽植、施肥机械标准；

④农田排灌机械标准；

⑤植物保护机械标准；

⑥收获、脱粒、清选机械标准等。

（2）农业机械系列标准化的特点

①种类繁多，产品系列化及标准化需求较高

农业机械的工作对象是土壤和作物，这些物料的品种甚多，性状差异很大。即使是同一种土壤或同一种作物，在其含水量不同或生产成熟期不同时，它们的物理特性也相差悬殊。再加上我国大市场需求、小规模生产的地区性差异和农业生产方式的不同，水田、旱地、垄作、套作、畜牧、养殖等情况更为复杂，为了适应如此众多的不同工作对象，各式各样的农业机械也就愈来愈多，对农业机械系列化、标准化的要求也就越来越高。

②作业复杂，产品功能及其适用性要求较高

大多数农业机械在作业时都不是只完成某项单一的任务，而是要完成一系列的作业项目。例如，播种机在作业时除了将种子均匀排出外，还要开沟、覆种（用湿土）、镇压；联合收获机作业时，要连续完成收割、脱粒、分离、清选等作业项目；各种用于田间的机械，都必须一面行进，一面作业，这就要求自动化、智能化应达到一定的水平。这就增加了机器设计上的难度和结构上的复杂性，因此，为了提高农机装备的适用性，更需要通过标准化的手段简化结构，优化性能，增加产能，从而提高工作效率。

③工作环境差，产品可靠性及安全性要求较高

许多农业机械都是在田间或露天作业，易饱受烈日暴晒、风沙尘土、雨水淋泡，机器装备容易腐蚀或磨损。又由于地面不平或负荷不均，机器所受

的振动大，容易变形或疲劳失效，影响寿命和使用安全性。因此，为实现法制化管理，促进农业机械产品安全性提高，保护广大农民的利益，确保农民安全和健康，需要通过标准化手段有针对性地提出科学、合理和可操作的安全设计、制造等方面的要求。

（3）农业机械系列标准的一般技术要求

农业机械产品标准的技术要求基本上是为了满足使用功能要求所规定的产品质量要求。一般情况下，为了保证农机产品工作可靠、坚固耐用、重量形体适宜、功效高、操作调整简便、易于维护修理等特征，对农业机械标准化的要求是多方面的。世界上许多国家根据本国情况对产品标准技术要求具体内容作出一些原则规定。如俄罗斯在产品质量指标体系中把产品标准中的技术要求，划分为性能，节约原材料、燃料和动力，可靠性，人类工效学，美学，工艺性，运输性，标准化和统一化，专利权，生态，安全性等11个方面的指标。日本在《工业标准格式》中把工业产品标准中技术要求分为性能、成分、物理性质、化学性质、结构、型式和尺寸、外观和感官性能、材料、制造方法、附件和备件与其他等9个方面的指标。我国国家标准 GB/T 20000.5—2004《〈标准化工作指南〉第5部分：产品标准中涉及环境的内容》中规定了包括环境条件、使用性能、理化性能、稳定性要求、耗能指标、外观和感官要求、材料要求、工艺要求以及安全、卫生和环境保护等几个方面的要求，农业机械标准中除了要求满足一般机械产品标准通用的使用（作业）性能、物理（机械）性能、检验规则、标志、包装、运输及储存等要求外，根据农业机械的作业特点，还包括以下几个方面的基本要求：

①可靠性能

可靠性能是指产品在规定的条件下和规定的时间内完成规定功能的能力如失效率、平均寿命（MTTF），平均无故障工作时间（MTBF），强迫停机率（FOR）等指标。

②稳定性能

稳定性能是指产品对气候、温度、酸碱度、水灯影响的反应，以及产品抗风、抗震、抗磁、抗老化、抗腐蚀的性能等。稳定性要求反映了产品在外部因素作用下，对使用要求的满足程度。对于需要运输、贮存、露天使用的农业机械产品，在规定了使用性能与物理性能指标之后，还应对产品的稳定性要求作出明确规定。具体可包括对机械作用稳定性的要求，对气候作用稳定性的要求，对电磁场、洗涤剂、燃料、油料等特殊作用的稳定性要求，对运输状态下受外部介质作用的稳定性要求等。

③其他技术要求

其他技术要求包括运行安全技术要求、安全防护技术要求、机械性能特殊要求以及工作性能特殊要求等。

a.运行安全技术要求。农业运输机械中属于由动力驱动,具有四个或四个以上车轮的非轨道承载的车辆性质的,或属于三轮汽车、低速货车、拖拉机运输机组的,标准中对于其整车标志、外廓尺寸后悬、轴荷和质量参数、荷载、功率、侧倾稳定角及驻车稳定角、图形和文字标志、外观、漏水检查、漏油检查、行驶轨迹等的要求均应执行 GB 7258《机动车运行安全技术条件》强制性国家标准的规定。

b.安全防护要求。农业机械应有较完备的安全防护装置,如超载安全器、运动部分的防护罩、翻车时的人身保护装置等,以避免造成机器损坏或人员伤亡事故。与农药有关的机器还应有严格的防毒害设施。同时也不可忽视操作人员的劳动条件及人身安全,不要使机器操作者劳动强度太大,造成过度劳累疲乏,座位应有一定的舒适性;麦收时天气酷热,冬耕时气候寒冷,驾驶室内应有防暑防寒设备;为保证工作人员操作、保养或检查机械时的安全,应规定安全距离或设置安装防护装置。

c.机械性能特殊要求。农业机械的工作部件应有足够大的调节范围,例如,播种机的排种量、行距、开沟深度等的调节量都应当能够满足农业技术的需要,对排种器则应要求播量稳定可靠、排种均匀、不损伤种子、通用性好、播量调整范围大、调整方便可靠等。中耕作物播种机的行数和行距还应与后继作业的中耕机和收获机相一致,以便协同配合,提高机械化水平。

d.工作性能特殊要求。农业机械应尽可能多地扩大其作业项目,一机多用,最好是能将需要连续进行的项目集中在一个机器上实行联合作业,一次完成,以提高机器的使用价值。

党的十七届三中全会通过的《中共中央关于推进农村改革发展若干重大问题的决定》提出:"发展现代农业,必须按照高产、优质、高效、生态、安全的要求,加快转变农业发展方式,健全农业产业体系,提高土地产出率、资源利用率、劳动生产率,增强农业抗风险能力、国际竞争能力、可持续发展能力"的要求。可以看出通过土地集约,推行农业规模化经营,有利于提高农业劳动生产率、土地利用率和土地产出率;有利于调整农业结构,加快农业产业化进程,提高农业综合生产能力;有利于改善农业生产条件,保护生态环境,发挥农业多元化功能:

①农业规模化经营的分类

农业规模化经营按生产行业分类包括四个方面:一是种植业规模化经营,

二是畜牧业规模化经营，三是养殖业规模化经营，四是种（植）养（殖）规模化综合经营。四种规模化均以规模化生产、机械化作业、专业化经营、一体化服务为特色。农业规模化经营按规模化对象分类包括三方面。一是耕种规模化。就是集中大规模土地，通过机械作业降低耕种成本，同时通过规模采购，降低种子、肥料、农药等生产资料的采购成本。二是生产方式规模化。采用工业化生产方式提高劳动效率，像生产零部件一样地生产农牧产品，将播种、施肥、灭虫、收制等工序分别委托各专业公司集约化实施，以获得更优质服务和更低廉价格。三是经营规模化。规模上去了，就能以必要投入全程控制农产品的品质，就能搞好品牌经营，就能以优质优价获得附加值效益及商业利润。实际上，三种规模化都具有"节本增效"的特性。

②作业机械在规模化经营范围内配备标准化的一般技术要求

农业规模化生产经营离不开机械化作业，但不同规模的生产经营在配置机械作业的型号数量方面的标准也不同，确定的依据应根据规模化经营的程度、机械作业率的要求、种植（养殖）农牧渔业产品的品种等因素综合考量。目前，我国还缺少有关农业规模化经营范围内作业机械的配置标准。但随着农业规模化经营的发展，此类标准的社会需求将会越加强烈。用标准化的手段规范规模化经营的整个过程将成为可能。

作业机械在规模化经营范围内，型号、数量配备标准化的一般技术要求是为了满足标准化生产、机械化作业、规模及生产经营模式和社会责任（劳工及劳动强度）等多方面的需求所规定的装备、设施、技术力量等方面的要求。通常包括：

①规模及模式

其中，土地规模应适当规定一定的尺度，比如农区耕地500亩或5 000亩以上、牧区草场5 000亩或10 000亩以上等，机械作业率要求达到80%以上还是要求达到100%均应予以明确。因为只有明确了机械作业率才能够确定配备作业机械的型号及数量。模式的设定一般应以农机技术与农牧渔业技术结合为基础，以实行全程机械化生产为目标，为新机具新技术引进试验示范及农机标准化作业提供良好服务。

②设备配置

可分为动力机械和配套机具给出相应的要求。确定的原则应根据农牧业不同作物品种、轮作模式、土地特征（平原或丘陵）及经营规模的不同而分别规定，应以配备大中型设备为主。由此可以看出，在规模化经营范围内，应根据不同农作物品种、轮作模式及土地特征分别制定不同要求的作业机械配备标准，这样的标准才具备良好适用性的前提。

以平原地带土地规模在 5 000 亩以上的农业生产区为例，动力机械每 1 000 亩耕地至少配备大型拖拉机一台、运输车一台；另外，根据不同农作物品种，可综合考虑配套机具的型号及数量。例如：

a.小麦种植区：每台大型拖拉机配套大型四铧犁及重把或深松机一套、施肥播种机、中耕培土机、追肥机械、植保机械一套；大型联合收获机每 1 000 亩配备 1 台。

b.玉米种植区：每台大型拖拉机配套大型四铧犁及重把或深松机一套、施肥播种机、中耕培土机、追肥机械、植保机械一套；玉米联合收获机械每 1 000 亩配备一台。

c.大豆种植区：每台大型拖拉机配套大型四铧型及重把或深松机一套、施肥播种机、中耕培土机、追肥机械、植保机械一套；每 5 000 亩耕地配备大型联合收获机一台。

d.马铃薯种植区：每台大型拖拉机配套大型四铧型、重耙、播种机、施肥机、打药机、中耕培土机、灭秧机一套；大型马铃喜收获机械每 1 000 亩配备一台。

e.水稻种植区：水稻育秧设备一套；每台大型拖拉机配套大型四铧型、水田耙或打浆机、植保机械一套；每 1 000 亩耕地配备水稻插秧机一台；每 5 000 亩耕地配备自走式水稻收获机一台。

f.农业生产区通用：测土配方设备一套。

③技术力量配备

应结合规模化程度和实际生产的需要，对技术人员的数量以及文化素质、岗位证书等给予明确要求。譬如：

a.驾驶操作人员：每台套机车配备驾驶操作人员各一人，专车专人管理。

b.专业技术人员：机具保管、保养、维修技术人员一至二人。

c.技术指导人员：聘请农机、农技推广专家各一至二人，保障作业标准和质量。

④机具库棚要求

可根据作业机械配置情况，规范最基本的机具库棚面积和建造要求如可规定机棚一般按机具投影面积之和的 1.5 倍～2 倍测算，机库一般按机具投影面积之和的 2.5 倍计算，库棚应由有资质的设计单位进行设计并由有资质的开发商建造等。

2.农业机械作业（田间或非田间）规程标准化

农业机械田间（或非田间）作业规程是衡量和规范农机作业质量的技术依据，是规范农机田间（或非田间）生产，保证先进农艺（生产）技术实施效果、保障生产安全、保护农业生态环境、提高农业生产效益的有效措施和手段，也是农机标准化体系建设的重要内容和技术载体。具有作业质量要求明确、指标量化清晰合理、操作简便、容易掌握、便于实施的特点。近年来，随着农业种植结构的调整、农机社会化服务和农产品贸易的发展，优势农产品、优质农产品、特色经济作物、绿色农产品等的种植面积和市场需求不断扩大，对农机田间（或非田间）作业技术和作业质量标准提出了新的要求，为农业机械作业标准化体系建设提供了新的机遇。

（1）农业机械作业规程的分类

农业机械作业（田间或非田间）规程标准化的对象除了包括能够代替人工从事田间播种、种植、施肥、耕作、作物保护、园艺、收获等机械的作业规程外，还包括农产品收获后的作业机械，如仓储机械、干燥机械、畜产品采集加工机械、农产品初加工机械的作业规程等。

（2）农业机械作业规程的一般技术要求

农业机械作业规程的标准化对象比较复杂，从田间或非田间两类性质的标准化对象来看，作业规程的结构和内容差异很大。但两者也有着同样的原则性要求，基本包括下述内容：

①作业条件。包括对驾驶、操作人员的基本要求，对农机具安全性能的基本要求，对作业场所和作业环境的基本要求等。

②作业前的准备。包括作业机具工作性能检查、调试及技术维护，勘察道路或作业场地，设置工作标志，农机具可靠性要求及检查等。

③农机具的启动与运行。

④作业程序。

⑤作业中的安全注意事项。

⑥维护与保养，包括作业期保养和非作业期保养等。

3.农业机械作业（田间或非田间）质量标准化

农业机械作业（田间或非田间）质量标准化作业规程的作用是培训农机手的操作规范性、预防和减少农机具事故的发生、提高农机具的作业效率、保证农机具的作业质量。它告诉人们应该"怎么做"，对于做的质量要求也应该制定相应的标准，即告诉人们"做的目标是什么，做的结果如何评价"，这就是作业质量标准的作用。农业机械作业质量标准是对农业机械完成某项作业时应符合的质量要求所作的技术规定。满足农艺要求和作业质量标准是推行标准化作业的依据，同时也是维护农业机械所有者、使用者合法权益的有效手段。

（1）农业机械作业质量标准化的分类

农业机械作业质量标准按作业区间划分，可分为田间作业质量标准和非田间作业质量标准两类。其中，田间作业质量标准按作业环境可分为旱田机械作业质量标准和水田机械作业质量标准，按作业性质可分为整地作业质量标准、播种作业质量标准、作业管理质量标准和收获作业质量标准。

（2）农业机械作业质量标准的一般技术要求

农业机械、操作者和作业条件是影响农业机械作业质量的主要因素。评价作业质量不是单纯对机器质量性能的评价，而是对三种因素综合运用效果的检验。农业机械作业质量标准和农机产品标准在结构和内容上有相似之处，二者紧密联系、相互制约。而农业机械作业质量标准具有两个主要特性：一是作业质量标准的标准化对象没有新机和旧机的限制，这是其区别于产品标准的显著特征；二是作业质量标准更注重考查实际运用中机具的适应性，是对作业结果的评价，不同机具状态、不同作业条件及不同机手操作下，其作业质量可能是不同的。因此，在制定作业质量标准的过程中需要考虑如何评价机具状态的稳定性，考虑机器性能指标对应的作业条件，以及机器对多种作业环境条件的适应性，机器操作简便性和容错能力等。

农业机械作业质量标准因作业项目的不同其具体质量要求也各不相同，但通常情况下作业质量标准应具有作业质量要求明确、指标量化清晰合理、操作简便、容易掌握、便于实施的特点。具体应包括下列基本要求：

①对农机具的功能性关联项目应给出明确要求。功能性关联项目是指由农机具结构和作业前调整决定的作业性能，如播种均匀度。

②对农机具的操作性关联项目应给出详细要求，操作性关联项目是指与操作因素密切相关的检测项目，如机具行走的直线性、邻接行距、漏作业等。

③应明确列出作业质量要求所适用的作业条件，如土壤类型、作物含水率等。规定的作业条件应是对该作业质量有直接关系且影响显著的；规定作业条件时，应参考相应国家和行业标准中的试验条件规定，并充分考虑农业生产实际。

④应明确列出检测项目名称、质量指标要求、检测方法、检验规则等作业质量的具体要求。

检测项目应根据农业生产对该项机械化作业技术要求和农机具功能来确定，并应完整不漏项；与作业质量无关的项目如运行安全技术要求、安全防护要求等不应列入检验项目；检验项目名称尽可能与相应的国家标准或行业标准中的项目名称一致；国家标准或行业标准中无相应规定时，可视需要自行设定检测项目，其名称应力求规范，不致产生歧义，并尽可能与行业通用表述一致；检测项目应能在合理的时间内进行客观地试验检测和判定，并便于现场确定。

质量指标的要求不应简单照搬相应国家标准或行业标准的规定，具体质量指标要求应经充分的试验验证确定；对功能性关联项目，其质量指标要求一般不严于相应国家标准或行业标准的规定；对操作性关联项目，应规定在中等操作水平所能达到的要求，其质量指标要求可低于相应国家标准或行业标准的规定；各项质量指标要求应根据相应质量内容的特点采用规定极限数值、数值＋允许偏差、百分率或程度要求的方法表示，作业质量标准中规定的作业条件和检测项目都应有对应的检测方法。对定量指标可规定试验方法（如正常作业试验法、演示作业试验法、模拟作业试验法）和计算方法，对定性指标可规定观察法或评分法。检测方法中应对试验准备、检测时机、测区和测点的确定、检测程序、操作要求、计算公式、数据处理等内容做出规定。各检测项目对应的检测方法和表述顺序应按检测流程编排。根据检测项目是否可复现等特性，确定检测时机。检测一般应在作业地块现场进行正常作业时进行。检测应建立在统计学的基础上，规定均匀多点检测；对不可复现或作业后难于检测的项目，可规定采用演示作业试验法或模拟作业试验法进行检测。

检验规则一般包括单项判定规则和综合判定规则两部分。在单项判定规则中应对检测项目的不合格分类做出规定。需要时，在单项判定规则中可对作业质量考核项目做出规定。综合判定规则应给出作业质量合格判定的条件和判定结论的表述方法。

对适用于多品种（不同作业功能）、多规格系列机具的作业质量标准，应在作业质量要求中明确不同机具对应的检测项目和质量指标要求。如果机具情况较复杂时，可在检验规则中以"作业质量考核项目表"的形式列出确定的考核项目。

目前，我国已发布实施了 GB/T 17997《农药喷雾机（器）田间操作规程及喷洒质量评定》、NY/T 984《抛秧机作业质量》、NY/T 1354《牧草免耕播种机作业质量》、NY/T 1646《甘蔗深耕机械作业质量》等几十项操作规程和作业质量标准，部分省、市、自治区也发布了相关农业机械化安全操作规程或作业质量地方标准。现行农机作业质量标准的要求不高，我国大部分区域农机作业质量标准化程度也比较低。随着精准农业的逐步实施、耕作模式的改变、农机装备技术水平的提高，现行的操作规程和作业质量标准无论在数量上还是质量上已不能满足实际生产的需要。因此，必须加大此类标准的制定、修订力度，进一步完善农机作业质量标准化体系，便于更好地监管、指导和推进农机作业标准化工作，提高农机作业质量和效率，降本增效，促进农机服务作业的市场化、社会化和产业化进程，提高农机化服务水平，全面推进现代农业的发展。

4.农业机械修理标准化

农业机械的作业对象和工作环境非常苛刻，农业机械装备在使用过程中的状态将直接影响到运行的安全、能源的消耗以及对环境的污染情况。农业机械投入生产使用后，其可靠性会随着时间的推移逐渐下降，为了保持其完好的技术状态，发挥其功能和作用，对农业机械进行科学的维护保养和及时有效的修理是非常必要的。特别是作业环境非常恶劣的农业机械，维修是保持或恢复其正常运行、充分发挥效能的基本条件，离开维修就不能维持机器的生产能力，更无法保证作业质量和效益，甚至还会发生机器事故或人身事故。维修不只是一个辅助手段，而是对农业机械化的支持和保证，更是保障农业机械安全生产能力的重要组成部分。而且，农业机械装备的拥有者是广大农民，为了更加充分地保护农民利益，在当前农业机械向大型化、多功能、高新技术方向发展的形势下，对于农业机械装备的维护与修理必须实行规范化、科学化、标准化管理。

（1）农业机械修理标准的分类

按照标准化对象的属性，农机修理标准可以划分为开业条件、通用修理技术、专项修理技术、安全控制技术、维修质量、检验与鉴定等标准。

（2）农机修理标准的一般要求

①开业条件标准

根据实际情况，开业条件标准可以区分农业机械综合维修点和农业机械专项维修点，对两种维修点分别制定相关的要求。所谓综合维修点，是指从事农业机械的整机、各个总成和主要零部件综合维修业务的企业和个体户。专项维修点是指从事农机电器修理、喷油泵和喷油器修理、曲轴磨修、气缸镗磨、液压系修理、散热器修理、轮胎修补、电气焊修理、钣金修理和喷漆等一项或多项农机专项维修的个体户。

GB/T 21338《机动车维修从业人员从业资格条件》规定了机动车维修技术负责人、机动车维修业务员、机动车维修价格结算员和机动车维修技术人员等从业人员的岗位职责、任职资格等要求。该标准适用于机动车维修企业负责人、机动车维修企业技术负责人、机动车维修质量检验员、机修人员、电器维修人员、钣金（车身修复）人员和涂漆（车身涂装）人员、车辆技术评估人员、机动车维修业务员和机动车维修价格结算员等从业人员的资格判定和审核。

NY/T 1138.1《农业机械维修业开业技术条件 第1部分：农业机械综合维修点》和NY/T 1138.2《农业机械维修业开业技术条件 第2部分：农业机械专项维修点》两项农业行业标准，对农业机械综合维修点和农业机械专项维修点的开业技术条件外，分别给出了相关规定。开业条件标准主要是从开业应该具备的技术条件方面做出的要求，其基本要素包括设施条件（作业环境）、维修设备条件、人员条件、质量管理条件、安全生产条件、环境保护条件等。该两项标准分别适用于对农业综合机械维修点和农业机械专项维修点开业资格评定和年度审验。

　　②通用修理技术标准

　　通用修理技术是指针对主要农业机械的修理作业技术。GB/T 22129《农机修理通用技术规范》规定了主要农业机械修理作业技术要求。通用修理技术标准所规定的基本要素包括农机具故障的判断与拆卸要求、发动机修理技术要求、电动机修理技术要求、传动部件修理技术要求、工作部件修理技术要求、轴与箱体修理技术要求、输送装置修理技术要求、转向系统修理技术要求、制动系统修理技术要求、液压系统修理技术要求、电气设备修理技术要求、机架与行走系统修理技术要求、装配与调整技术要求、运转磨合的技术要求、整机与外观修理技术要求、维修竣工后的验收及保用条件等。

　　③专项修理技术标准

　　专项修理技术是指针对某一种农机具的特殊部件或农业生产作业专用机具的修理作业技术。如对谷物联合收割机的割台部分，对深松机械、播种机、插秧机等专用机具所规定的修理技术标准。这类标准既可以作为单独的标准或分部分标准的一个部分，也可以在某个单项机具修理技术标准中作为单独的章。如农业行业标准NY/T 998《谷物联合收割机修理技术条件》就是采取将谷物联合收割机的割台部分、脱粒部分分别设置为单独的章给出了相关要求。

　　④安全控制技术标准

　　安全控制技术标准是规定农业机械修理作业过程中对环境、作业、设备、人员的安全防护要求的标准。GB/T 21964《农业机械修理安全规范》规定了农机具修理过程中作业环境、作业过程、设备、人员等安全防护的基本要求。

　　⑤维修质量标准

　　维修质量标准是规定农业机械修理后满足其修理技术要求程度的标准。

　　一般来讲，维修质量标准规定的主要内容是根据农业机械的使用要求和可能发生的修理内容来确定的。原则是对产品设计时为保证产品使用性能而规定的技术要求，在使用中发生变化，引起功能下降或性能改变的，应把该项技术要求列为修理质量要求的条款；对与使用因素无关的产品设计要求不应列入修理质量要求的条款。对修理前需要进行检测、鉴定的技术内容。

应制定修前鉴定技术要求。对有特定修理工艺要求的修理项目，应给出其修理工艺的技术要求。对于通用性的修理工艺要求，可引用农机修理通用技术规范等相关标准的规定，不再重复给出修理工艺的技术要求。NY/T 1630《农业机械修理质量标准编写规则》中给出了农业机械修理质量标准的结构编排要求和内容编写要求，在制定、修订农业机械整机及其零部件修理质量标准时可以参照。

⑥检验与鉴定标准

维修质量检验与鉴定标准是规定检验过程、检验方法、检验规则的标准。一般来讲，针对维修质量的每项要求都应有其对应的检验方法。检验标准的主要技术内容是规定详细的试验条件、性能试验和生产试验的操作步骤及方法、试验（鉴定）报告等。此类要素在维修质量标准中可以引用GB/T 5667《农业机械生产试验方法》标准以及专用机械试验方法标准（如GB/T 5982《脱粒机试验方法》、GB/T 6243《水稻插秧机试验方法》等），也可以根据需要制定单独的标准（如GB/T 19209《拖拉机修理质量检验通则》系列标准）。

上述标准构成了农业机械修理的系列标准，各个标准之间相互联系，实际应用过程中相互配合，基本保障了农业机械的安全生产能力。但从各个标准的具体内容看，国家标准与行业标准之间还存在着交叉、重复以及要求不一致的问题；而且，现有标准中针对动力机械修理的标准居多，针对田间作业的专用农具、农产品初加工机械以及畜牧业生产的机械修理技术标准偏少，有的农机具修理标准项目甚至是空白。这些问题亟待进一步改进和完善。

5.农业机械产品安全性要求标准化

明确安全性要求是预防事故的重要手段，是贯彻落实"安全第一，预防为主"安全生产管理方针、坚持科学发展观、实现科技兴国战略的重要途径之一，是农业机械生产与管理的重要内容。农业机械产品安全性要求标准化工作是保障农业机械安全生产的基础性技术工作。针对农业机械产品的安全性这一标准化对象所制定的标准，是为辨识农机产品是否存在重大危险源，分析其可能存在的危险有害因素及程度，制定预防事故的安全技术对策措施提供的科学依据，也是为农机安全管理的系统化、标准化、科学化提供的基础条件，为安全生产监督管理部门实施监察、管理提供的技术保障。

（1）农业机械产品安全性要求标准的分类

按照农业机械产品安全性标准化的内容及范围，可以将农业机械产品安全性要求标准划分为农机产品安全性能要求标准、农机产品运行安全技术条件标准、农机产品安全警示标志标准等。此处所指的农业机械产品不仅包括农业机械制造的产品、也包括农业机械修造（改装）的产品、还包括农业机械维修竣工后的产品。

（2）农业机械产品安全性标准的一般要求

农机产品运行安全技术条件标准。农机产品运行安全技术条件标准通常作为强制性标准，属于技术法规范围，是政府有关农机管理的法律法规的重要补充，是依法履行农机安全监理工作职责的重要准则。贯彻实施农机产品运行安全技术条件标准，有利于规范农业机械的生产制造、推广鉴定、注册登记、安全检验和报废更新等工作，有利于提高农业机械的安全技术性能、作业质量及经济效益。我国目前制定有 GB 7258《机动车运行安全技术条件》、GB 16151《农业机械运行安全技术条件》系列国家标准和 NY/T 999《耕整机运行安全技术条件》，NY/T 1000《机动插秧机运行安全技术条件》、NY 1025《青饲料切碎机安全使用技术条件》、NY 1232《植保机械运行安全技术条件》、NY 1644《粮食干燥机运行安全技术条件》等行业标准。这些标准的贯彻实施，为保驾护航农机安全生产提供了强有力的技术保障。

GB 7258《机动车运行安全技术条件》规定了汽车及汽车货车（含三轮汽车、低速货车）、摩托车及轻便摩托车、拖拉机运输机组、轮式专用机械车和挂车的整机及发动机、转向系、制动系、照明、信号装置及其他电气设备，行驶系、传动系、车身及安全防护装置等部分的安全技术要求、安全检验方法等。适用于在我国道路上行驶的机动车。

GB 16151《农业机械运行安全技术条件》系列标准是规范农业机械运行安全的国家强制性标准。该系列标准中分部分规定了拖拉机、联合收割机和挂车等农业机械的整机及各有关部分的运行安全技术条件、安全检验方法要求等，对拖拉机及运输机组的功率、挂拖质量比、比功率、外廓尺寸和结构也作了明确的界定。适用于在我国使用的轮式、履带和手扶拖拉机运输组、联合收割机和农用挂车的运行安全技术检验。

以 NY 1644《粮食干燥机运行安全技术条件》等为代表的农机具运行安全技术条件行业标准规定了耕整机、机动插秧机、青饲料切碎机、植保机械、粮食干燥机等农机（具）的整机及其配套设备的一般安全要求，结构安全要求，环境保护、安全标志和安全使用要求，也对结构性能、防护装置、电气设备、噪声及测试方法等做出了明确的规定。这些标准适用于相应农业机械的安全技术检验。

农机产品安全性能要求标准。农业机械工作的稳定性对操作工人的生命安全产生直接影响。在农业机械的设计和制造过程中，设计者和生产者通常只重视机器的功能和使用性能，而机器的安全性问题往往被忽视。特别是那些使用区域性较强、结构简单、价格便宜的小型农机具安全隐患尤为严重，正是因为这些安全性问题导致了诸如铡草机铡手、插秧机伤腿、玉米果穗剥皮机和脱粒机伤人等众多事故的发生，给人们的生命财产造成了不应有的重大损失。因此，在 2011 年 8 月工业和信息化部公布的我国装备制造业第一个产业政策——《农机工业发展政策》中，明确了建立农机行业准入管理制度和农机召回制度，提出国家工业主管部门要依据职责对关系公共利益、人身安全的农业机械生产企业实施准入管理；对于因设计或制造方面的原因存在缺陷，不符合有关法规、标准，有可能导致安全及环保问题的农机实行产品召回。而产品的安全性能是农机准入和召回制度中考察的重点内容之一，也是产品考察的侧重点。

国际上对于机械领域安全方面标准的结构可以分为 A，B，C 三类标准。其中 A 类标准（安全基础标准）给出的是适用于所有机械的基本概念、设计原则和一般特性，B 类标准（安全通用标准）涉及机械的一种（或多种）安全特征或一类（或多类）适用范围较宽的安全防护装置。B 类标准又分为两类，一类是 B1 类标准，是特定的安全特征（如安全距离、表面温度、噪声）标准；一类是 B2 类标准，是安全装置（如双手操纵装置、连锁装置、压敏装置、防护装置）标准；C 类标准（机械安全标准）涉及一种特定的机器或一组机器的详细安全要求。农机产品安全性能要求标准属于 C 类标准的范畴。

农机产品安全性能要求标准的主要技术内容是规定设计和制造各类农业机械的安全要求及其符合性判定方法。

为了保障广大人民群众的生命安全与健康，20 世纪 90 年代以来，我国农业机械国家标准中开始吸收 ISO 标准中有关安全方面的要求，将农业机械的安全防护措施提升为强制性国家标准即强制执行的技术规范，农机设计关注的重点由"能用"转移到保证"安全使用"方面，相关标准化机构制定了一大批涉及农机产品安全要求的国家标准、行业标准和地方标准，以下选择几个标准（系列）作一简单介绍。

GB 10395《农林机械安全》系列国家标准分为二十多个部分，分别规定了自走式、悬挂式、半悬挂式、牵引式农业机械或自卸式农用全挂车、半挂车等相关各类农林机械产品设计和制造的安全要求及判定方法；适用于农林机械、草坪和园艺动力机械。农业机械产品生产企业的决策层应从维护自身企业和产品的信誉、保障农机用户人身安全的角度提高安全质量意识，在开发新产品的决策时应充分考虑产品的安全质量问题，严格执行 GB 10395 系列标准的规定。

GB 16754《机械安全急停设计原则》属于机械领域安全方面的 B 类国家标准，该标准规定了与控制功能所用能量形式无关的急停功能要求和设计原则；适用于除急停功能不能减小风险的机器和手持式机器以及手导式机器以外的所有机械。农机生产企业在设计和制造农用动力机械、农田建设机械、土壤耕作机械、种植和施肥机械、植物保护机械、作物收获机械、农产品加工机械、畜牧业机械等农机具时，应充分考虑按 GB 16754 的规定配置急停装置。

GB 18320《三轮汽车和低速货车安全技术要求》规定了防止三轮汽车和低速货车发生安全事故，保证驾驶员、准乘人员和维护人员人身安全的基本技术要求。标准中详细列出了与三轮汽车和低速货车有关的危险要素，对三轮汽车和低速货车的设计制造、驾驶员工作位置、车辆稳定性、操纵控制系统、照明及信号装置和其他电气设备、安全防护装置、液压及燃油和润滑系统、电气、车速和车速表、最大允许总质量和外廓尺寸、噪声、排气管和排气污染物排放等给出了明确的安全技术要求。低速货车、三轮汽车以柴油机为动力，具有外形美观、价格便宜、使用维护方便、机动灵活的特点，被广大农民所青睐，成为农村运输工具的主力军，是当前农村家庭的首选机械产品之一。确保低速汽车和三轮汽车出厂产品安全技术要求的达标，是减少农业机械发生事故概率的重要基础。

GB 18447《拖拉机安全要求》系列标准从物理性能及预防使用方面分别对农业轮式拖拉机、手扶拖拉机、履带拖拉机以及皮带传动轮式拖拉机提出限制，所规定的安全要求适用于 GB/T 15706.1-2007《机械安全基本概念与设计通则 第 1 部分：基本术语和方法》中 3.6 的规定。

农机产品安全警示标志标准：

安全标志是用以表示、表达特定的安全信息的颜色、图形和符号，是向工作人员警示农业机械本身、工作场所以及周围环境的危险状况，指导人们采取合理行为的信息标示。安全标志能够提醒工作人员预防危险，从而避免事故发生；当危险发生时，能够指示人们尽快逃离，或者指示人们采取正确、有效、得力的措施，对危害加以遏制。

GB 2894《安全标志及其使用导则》规定了四类传递安全信息的安全标志，即：禁止标志表示不准或制止人们的某种行为；警告标志使人们注意可能发生的危险；指令标志表示必须遵守，用来强制或限制人们的行为；提示标志示意目标地点或方向。在农机产品中正确使用安全标志，可以使人员能够及时得到提醒，以防止事故、危害发生以及人员伤亡。避免造成不必要的损失。

GB 10396《农林拖拉机和机械、草坪和园艺动力机械安全标志和危险图形总则》规定了农林拖拉机和机械、草坪和园艺动力机械用安全标志和危险图形的设计和使用原则，给出了安全标志的作用、安全标志的基本型式和颜色、安全标志带的设计规范等；适用于农林拖拉机和机械、草坪和园艺动力机械。在实际生产中我们应该看到，不管多么优秀的设计也可能存在潜在的危险，在无法进行防护的危险部位时，可以按 GB 10396 规定的安全警示标志来警示危险的存在。安全标志不仅类型要与所警示的内容相吻合，而且设置位置要正确合理要符合标准的规定，否则就难以真正充分发挥其警示作用。现有的农机安全标准对人身、财产安全方面的指标（如结构安全性、运行安全性以及安全警示标志、安全说明等）给予了高度重视，除了上述列举的标准之外，还有很多以农机产品安全要求为标准化对象的国家标准和行业标准，生产企业在农机产品设计和制造过程中，除了执行相关机械安全标准（A 类标准）的规定，还必须执行机械领域安全方面 B 类或 C 类相关标准的规定。农机安全监管机构和广大农民或农机专业合作社在鉴定或选购农业机械产品时，也应以农机产品是否达到标准规定的安全技术要求作为重点考察的内容之一。

6.农业机械产品质量评价标准化

质量是企业的永恒主题，是企业在市场竞争中立于不败之地的根本。农业机械作为现代农业生产重要的投入品，其产品质量的优劣直接影响农业机械的作业效率，关系到农业增产和农民增收，也关系到农机使用者的健康和安全。农机产品质量状况是影响我国农业机械化科学发展、和谐发展、安全发展的重要因素。因此，建立农业机械产品质量评价标准体系对于农业机械化的健康发展具有重要的现实意义。

农机产品（包括各类农用机械、农业装备及其配件等）的质量，涵盖农机产品的先进性、适用性、安全性、可靠性、经济型和售后服务状况等，是对农业机械满足农业生产技术要求的综合评价。质量评价标准化的核心是"面向用户"，即坚持用户第一，坚持以需求为目标，以服务为宗旨，按照用户的需求确定产品的质量评价目标。用户的要求，用户的满意程度就是质量评价的基础。

（1）农业机械产品质量评价标准的分类

按照农机产品质量评价对象的属性不同，农业机械产品质量评价标准可以分为五类：一是农业机械产品先进性评价标准，二是农业机械产品适用性评价标准，三是农业机械产品可靠性评价标准，四是农业机械产品经济性评价标准，五是农业机械产品安全性评价标准。对于这几类标准，可以根据需要制定单独的标准，也可以针对某种农机具制定综合性能的质量评价标准，而将先进性、适用性、可靠性和安全性评价要求作为单独的章包容在一个标准之中。

（2）农业机械产品质量评价标准的主要技术内容

农业机械产品质量评价标准是针对农业机械产品的先进性、适用性、可靠性、经济型和安全性等质量特征指标而制定的评价、检验要求，是对农业机械产品全功能和全性能的综合评价。农机产品的全功能包括主功能和辅助功能，主功能是指其改变物质的几何、物理、化学或生理状态的能力；辅助功能通常包括物质输送、物件夹装、运动输入、能量输入、指令输入、信息采集与处理等。农机产品的全性能包括结构性能、工作性能、工艺性能等；结构性能一般包括人机安全性、系统可靠性、工作耐久性、材质适用性、结构紧凑性，环境无害性、造型艺术性等；工作性能包括工效实用性、运行平稳性、指标优越性、操作宜人性、设备动力性、状态测控性、故障可诊性、使用经济性等；工艺性能通常包括结构工艺性、设备维修性、装卸可行性、容差合理性、生产时间性、机器规范性、配套广泛性、报废回收性等。

一般来讲，农业机械产品质量评价标准的主要技术内容应基本涵盖农机产品全功能和全性能所对应的各种检验指标、评价方法、评价规则和评价等级要求。在选择检验指标时，应结合农机产品功能和性能的不同评价目的，以对应的产品标准、安全要求标准的技术指标为基础，在有关标准没有明确相关指标（比如适用性指标）要求的情况下，可以补充或制定新的指标。质量评价指标分为定性指标和定量指标。选取指标时应遵循以下基本原则：

①完整性原则：指标体系应尽可能全面地反映农机产品功能和性能各方面的质量状况；

②简明性原则：指标概念明确，易测易得；

③重要性原则：指标应是农机具诸领域的重要指标；

④独立性原则：某些指标间存在显著的相关性，反映的信息重复时，应择优保留；

⑤可评价性原则：指标尽可能为量化指标，并可用于地区之间的比较评价。

以选择农业机械的可靠性评价指标为例，根据不同作业机具可以选择不同的评价指标。田间作业机具和非田间作业机具一般规定在完成定时截尾时间或单位工作幅作业量后，以首次故障工作量和有效度来评价。首次故障是指整机和非主要零部件的首次损坏（易损件除外），因该零件损坏将影响整机正常作业。拖拉机、三轮汽车、低速货车、中小型柴油机、自走式机具等，一般规定在定时（定程）截尾试验后，以平均无故障工作时间或里程和无故障综合评分值来评价。

JB/T 51082《拖拉机产品可靠性考核》规定了拖拉机产品可靠性考核的术语及定义、故障分类及判断规则、指标体系及评定办法和拖拉机可靠性使用试验方法等。该标准根据拖拉机故障造成的危害程度及排除故障的难易性，将故障分为致命故障、严重故障、一般故障和轻度故障四类，并从无故障性和经济性两方面明确规定了拖拉机可靠性评定的指标要求，对于批量生产的拖拉机的可靠性考核可使用该标准进行评定，对试制样机、维修竣工后的拖拉机的可靠性考核评定也具有一定的参考作用。

NY/T 1931《农业机械先进性评价一般方法》采用双层指标系统，将农业机械先进性评价设为技术性、经济性、环保性和人机关系等四个一级指标。这四个一级指标分别从产品本身技术性能、生产制造和使用过程中的经济性、社会环境的协调性、人机之间关系（安全性、使用方便性等）四个方面反映农业机械产品的先进性。每个一级指标包含若干二级指标，分别从农业机械的设计、制造、安全、作业、环境影响、保养等各方面反映产品的先进程度。该标准对所有农业机械先进性评价提供了一般方法，对制定某种农业机械先进性评价标准具有一定的指导作用。

NY/T 209《农业轮式拖拉机质量评价技术规范》、NY/T 1012《手扶拖拉机质量评价技术规范》、NY/T 1627《手扶拖拉机底盘质量评价技术规程》等农业行业标准分别规定了农业运输机械整机和主要部件质量评价的质量指标、试验方法和检验规则，对农业运输机械的质量评价有一定的指导作用。

NY/T 463《粮食干燥机质量评价规范》、NY/T 464《热风炉质量评价规范》、NY/T646《螺旋输送机质量评价规范》、NY/T 648《马铃薯收获机质量评价技术规范》、NY/T1005《移动式粮食干燥机质量评价技术规范》、NY/T 1011《扒谷输送机质量评价规范》、NY/T 1013《喷雾器质量评价技术规范》、NY/T 1144《畜禽粪便干燥机质量评价技术规范》、NY/T 1358《包袋输送机质量评价技术规范》、NY/T 1417《秸秆气化炉质量评价技术规范》、NY/T 1418《深松机质量评价技术规范》、NY/T 1768《免耕播种机质量评价技术规范》、NY/T1770《甘蔗剥叶机质量评价技术规范》、NY/T 1774《农用挖掘机质量评价技术规范》、NY/T 1924《油菜移栽机质量评价技术规范》等农业行业标准分别规定了农用机具质量评价的方法、质量要求、试验方法和检验规则，对农机具的质量评价有一定的指导作用。

7. 农业机械使用安全的监管

农机使用安全的监督管理工作直接关系到人民群众生命和财产安全，关系到农业机械化、农业生产和农村经济安全发展，关系到社会和谐稳定。近年来，随着农机安全法规建设的积极推进和农业机械化标准体系的不断完善，农机安全监督管理工作逐步朝着规范化、标准化、科学化方向快速发展，农机监理装备与信息化水平明显提高，安全监管体系得到明显改善，农机安全生产形势发生了明显改变。

（1）农机安全监督管理法规体系框架

改革开放 40 多年来，在各级农机部门的共同努力下，农机安全监督管理法规制度建设取得了一定成效。基本形成了一个以国家法律法规为主体、地方性法规和政府部门规章为辅助，相关规范性技术文件和标准为支撑的国家农机安全监督管理法规体系框架。

据统计，涉及农机方面的国家法律法规现有十多部，主要有《中华人民共和国道路交通安全法》及实施条例、《中华人民共和国农业机械化促进法》《农业机械安全监督管理条例》等。国家质检总局、农业部、工信部、工商管理总局等有关职能部门出台的规章有几十多项，主要有《农业机械产品修理、更换、退货责任规定》《农业机械推广鉴定实施办法》《农业机械维修管理规定》《拖拉机驾驶证申领和使用规定》《拖拉机登记规定》《联合收割机及驾驶人安全监理规定》和《农机事故处理办法》等。各种国家标准、行业标准和工作规范有近百项，包括《农业机械运行安全技术条件》《植保机械运行安全技术条件》《拖拉机和联合收割机安全监理检验技术规范》《拖拉机号牌》《农业机械事故现场图形符号》等。工信部、农业部等行政主管部门还制定了《联合收割（获）机和拖拉机行业准入条件》《农机安全监理机构建设规范》《农业机械安全监理人员管理规范》《农业机械实地安全检验办法》等规范性文件。各地相继制定、修订了涉及农业机械安全监督管理的几十部地方性法规，例如有关省（自治区）、市制定有《农业机械管理条例》《农业机械安全监督管理条例》等，形成了从中央到地方完整的法规体系，实现了农机安全监督管理事业的可持续发展。

（2）农业机械使用安全监督管理中有关职能部门的分工

国务院颁布的《农业机械安全监督管理条例》明确规定："国务院农业机械化主管部门、工业主管部门、质量监督部门和工商行政管理部门等有关部门依照本条例和国务院规定的职责，负责农业机械安全监督管理工作。县级以上地方人民政府农业机械化主管部门、工业主管部门和县级以上地方质量监督部门、工商行政管理部门等有关部门按照各自职责，负责本行政区域的农业机械安全监督管理工作。"也就是说，农业机械使用安全监督管理工作不仅仅是农机管理部门一家的事情，而是一项需要全社会关心，各有关职能部门通力配合、各司其责、共同管理的系统工程。

根据《条例》的规定，国务院有关行政主管部门对农机安全监督管理的职能分工情况可以概括为如下几点：

①国务院工业主管部门，其主要职责是：负责制定并组织实施农机工业产业政策和有关规划，定期对农机生产行业运行态势进行监测和分析，并按照先进适用、安全可靠、节能环保的要求，会同国务院农机化主管部门、质量技术监督部门等有关部门制定、公布应该淘汰的农机产品目录，协助国务院农机化主管部门制定农机报废的条件和标准。

②国务院农业机械化主管部门，其主要职责是：制定农机安全监督管理的部门规章、行业标准、操作规程和工作规范并组织实施；指导、监督农机注册登记、安全技术检验、安全检查、事故处理、安全鉴定、维修管理以及操作人员的宣传教育、考试发证等工作；牵头制定农业机械的报废制度、淘汰制度和回收制度，并组织实施。

③国务院质量监督部门，其主要职责是：对包括农业机械产品在内的产品质量进行监督，加强对农机生产者、销售者的管理，确保农机产品的质量，维护以农民为主要消费群体的消费者的合法权益。

④国务院工商行政管理部门，其主要职责是：加强农机产品流通领域的管理工作，做好农机生产、销售维修、培训行业的工商登记和广告的监督管理工作，维护以农民为主要消费群体的消费者的合法权益。

⑤国务院标准化主管部门，其主要职责是：负责制定发布农业机械安全技术国家标准，并根据实际情况及时修订农业机械安全技术标准是强制执行的标准，各级标准化行政主管部门应会同相关的技术检测机构加强有关农机安全性强制标准的宣传，让生产企业充分认识安全标准并执行安全标准。农业机械生产者应当依据农业机械工业产业政策和有关规划，按照农业机械安全技术标准组织生产，并建立健全质量保障控制体系。

⑥县级以上地方人民政府，其主要职责是：加强对农业机械安全监督管理工作的领导，农机安全关系到国计民生和农村稳定，因此做好农机安全监管是履行政府职责的重要内容。县级人民政府应当建立目标责任考核制度，加强部门协调，动员社会参与，形成监管的合力。逐步完善农业机械安全监督管理体系，一是要确保监管机构到位；二是根据当地工作实际，合理配备工作人员，加强队伍建设；三是将工作经费列入财政预算，加强基础设施建设和装备建设，增加对农民购买农业机械的补贴。

目前，全国 30 个省（自治区）、直辖市设立了农机安全监理机构。县级以上农机安全监理机构达 2 901 个，农业机械安全监理人员 3.3 万余人，基本形成了县以上有机构、县以下有人员的国家、省、地、县、乡、村多级农业机械安全监管网络。

尽管我国农机安全监督管理工作取得了长足发展，但农机安全生产及监管水平依然不高，事故隐患依然突出，与推进农业机械化又好又快发展的要求还存在较大差距，与建设社会主义新农村、构建农村和谐社会的新任务还不相适应，面临诸多亟待解决的矛盾和问题。一是农民文化素质普遍偏低，安全意识淡薄，缺乏必要的安全知识和驾驶操作技能，有的未经培训就驾驶操作农业机械，极易造成安全事故。二是农业机械安全性能低，农业机械的科技含量普遍不高，与国际先进水平有较大差距，不少机械安全性能达不到国家安全标准，潜藏着巨大事故隐患。三是监管手段薄弱，农机安全投入不足，农机安全监理机构人员普遍不足。工作经费不够，执法装备严重滞后，不能满足农机安全监理工作需要。四是拖拉机"注册率、持证率、年检率"低，监管漏洞大，全国仅有40%左右的拖拉机办理了注册登记，拖拉机检验率、驾驶人的持证率不高，存在大量的监管死角，一些地区农机事故的统计上报率很低，相当一部分农机事故因私了等原因未纳入统计上报的范围。随着农业机械化快速发展、领域拓宽，农业机械化科学发展对农机安全监管的需求越来越迫切。我国农机安全监理工作必须站在新的起点上，转变农机安全监督管理方式，全面推进高效、科学、规范的标准化管理，建立健全农机标准化管理体系，建立农机产品质量安全可追溯体系；以提升农机化管理水平为目标，以加强农机基础建设为保障，以提高用户满意度为中心，以实现农产品生产与加工全程机械化为方向，使农机安全监督管理工作再上新台阶，为农业机械化又好又快发展提供有力的支撑。

参考文献

[1] 胡少华. 农业发展中的政策、制度和技术因素 [M]. 南京：东南大出版社，2004.

[2] 张林. 凡勃伦的制度变迁理论解读 [J]. 经济学家，2003（3）：104-109.

[3] 林毅夫. 再论制度、技术与中国农业发展 [M]. 北京：北京大学出版社，2000.

[4] 中国机械工业协会. 中国机械工业年鉴 [M]. 北京：机械工业出版社，2017.

[5] 袁丽金，巨晓棠，张丽娟等. 设施蔬菜土壤剖面氮磷钾积累及对地下水的影响 [J]. 中国生态农业学报，2010，18（1）：14-19.

[6] 张福锁，申建波，冯固. 根际生态学——过程与调控 [M]. 北京：中国农业大学出版社，2009.

[7] 周丽群，李字虹，高杰云等. 果类蔬菜专用水溶肥的应用效果分析 [J]. 北方园艺，2014（01）：161-164.

[8] 邹瑞昌，冉瑞碧，王远全等. 设施蔬菜水肥一体化技术应用效果研究 [J]. 长江蔬菜，2015（6）：54-56.

[9] 张祖立，王君玲，张为政等. 悬杯式蔬菜移栽机的运动分析与性能试验 [J]. 农业工程学报，2011，27（11）：21-25.

[10] 刘磊，陈永成，毕新胜等. 吊篮式移栽机栽植器运动参数的研究 [J]. 石河子大学学报：自然科学版，2008，26（4）：504-506.

[11] 陈建能，王伯鸿，任根勇等. 蔬菜移栽机放苗机构运动学模型建立与参数分析 [J]. 农业机械学报，2010，41（12）：48-53.

[12] 陈建能，王伯鸿，张翔. 多杆式零速度钵苗移栽机植苗机构运动学模型与参数分析 [J]. 农业工程学报，2011，27（9）：7-12.

[13] 王截，姜燕飞，卢宏宇. 蔬菜移栽机导苗管的机构设计 [J]. 农村牧区机械化，2008（2）：27-28.

[14] 陈建能，黄前泽，王英等. 钵苗移栽机椭圆齿轮行星系植苗机构运动学建模与分析 [J]. 农业工程学报，2012，28（5）：6-12.

[15] 陈达，周丽萍，杨学军等．移栽机自动分钵式栽植器机构分析与运动仿真 [J]．农业机械学报，2011，42（8）：54-57.

[16] 王英，陈建能，赵雄等．非圆齿轮行星轮系传动的栽植机构参数优化与试验 [J]．农业机械学报，2015，46（09）：85-93.

[17] 张国凤，赵匀，陈建能．水稻钵苗在空中和导苗管上的运动特性分析 [J]．浙江大学学报（工学版），2009（03）：529-534.

[18] 赵匀．农业机械分析与综合 [M]．北京：机械工业出版社，2008.

[19] 陈建能，夏旭东，王英等．钵苗在鸭嘴式栽植机构中的运动微分方程及应用试验 [J]．农业工程学报，2015（3）：31-39.

[20] 梅凤翔，刘桂林．分析力学基础 [M]．西安：西安交通大学出版社，1987.

[21] 周福君，杜佳兴，那明君等．玉米纸筒钵苗移栽机的研制与试验 [J]．东北农业大学学报，2014（3）：110-116.

[22] 张冕．烟草钵苗移栽机移栽机构研究 [D]．洛阳：河南科技大学，2012.

[23] 张敏．拟合齿轮五杆水稻钵苗移栽机构的研究 [D]．哈尔滨：东北农业大学，2014.

[24] 王伯鸿．蔬菜钵苗多杆式植苗机构的建模分析、参数优化和试验研究 [D]．杭州：浙江理工大学，2011.

[25] 李振伟．振动控制中作动器迟滞非线性补偿方法研究 [D]．上海：上海交通大学，2011.

[26] 孔新雷，吴惠彬，梅凤翔等．Birkhoff 系统的保结构算法与离散最优控制 [C]．北京：北京力学会第 20 届学术年会论文集，北京力学会，2014：320-330.

[27] 郝艳玲，姚燕安．混合动力七杆机构的最优设计 [J]．上海交通大学学报，2005，39（1）：71-74.

[28] 刘炳华．蔬菜钵苗自动移栽机构的机理分析与优化设计 [D]．杭州：浙江理工大学，2011.

[29] 黄前泽．钵苗移栽机行星轮系植苗机构关键技术研究及试验 [D]．杭州：浙江理工大学，2012.

[30] 薛小雯，沈爱红．用 VB6.0 软件实现摆动从动件盘形凸轮机构在 AutoCAD 中的仿真 [J]．轻工机械，2007，25（3）：59-62.

[31] 李庭．穴盘移栽机自动取苗分苗系统的设计研究 [D]．石河子：石河子大学，2013.

[32] 曹一．考虑润滑的摆动凸轮机构性能分析 [D]．青岛：中国海洋大学，

2009.

[33] 杨兵宽.行星减速器结构轻量化研究 [D].武汉：武汉工程大学，2014.

[34] 吴序堂，王贵海.非圆齿轮及非匀速比传动 [M].北京：机械工业出版社，1997.

[35] 田昆鹏，毛罕平，胡建平，等.自动移栽机门形取苗装置设计与试验研究 [J].农机化研究，2014（2）：168-172.

[36] 赵匀，樊福雷，宋志超，等.反转式共轭凸轮蔬菜体苗移栽机构的设计与仿真 [J].农业工程学报，2014（14）：8-16.

[37] 高国华，韦康成.自动化穴苗移栽机关键机构的模块化设计 [J].机电工程，2012，29（8）：882-885.

[38] 张丽华，邱立春，田素博，等.指针夹紧式穴盘苗移栽爪设计 [J].沈阳农业大学报，2010，41（2）：235-237.

[39] 韩长杰，杨宛章，张学军，等.穴盘苗移栽机自动取喂系统的设计与试验 [J].农业工程学报，2013（8）：51-61.

[40] 孙磊，毛罕平，丁文芹，等.穴盘苗自动移栽机取苗爪工作参数试验研究 [J].农机化研究，2013（3）：167-170.